小空間也能有大發揮！

新手的多肉植物庭園造景

羽兼直行　監修

瑞昇文化

不如一起來享受打造
小小多肉植物花園的樂趣吧？

肥嘟嘟又可愛的樣子療癒心靈。
有如藝術品般的奇妙外型和獨特質感充滿個性。
不需要花太多心力，栽培起來輕鬆簡單……。
因為這些特徵，多肉植物的人氣高居不下。
不過其中也有人
將多肉植物誤解為室內植物。

多肉植物生長於大自然中的地面或岩石上。
因此栽培於地面或室外，
更能欣賞到充滿活力的樣貌。
而且植株高度低矮的品種居多，
所以也適合種植在狹長或較小的空間中。
加上照顧管理輕鬆，一年四季都能欣賞，
多肉植物花園也很適合忙碌的人。

多肉植物其實擁有
超乎想像的豐富魅力。
不如一起來打造花園，
享受全新的多肉植物世界吧？

Contents

Part 1

想作為參考的多肉植物小小花園 13

Part 2

有關多肉植物的二三事 41

在這種空間也能打造出小巧的多肉植物花園

多肉植物就算在土壤較少的地方
或是有如「縫隙」般的狹小空間也能健康生長。
所以不論再小的空間也別放棄，
試著將其變身為多肉植物花園吧！

具有深度的狹長型空間

在停車場、沿著建築物的細長型花壇，或是「栽培空間」（具有高度的植栽空間），都可以試著來栽培多肉植物，和植栽高度較高的植物組合成立體感的小花園。

在沒有土壤的地方打造出「栽培空間」

可以選在陽台或水泥地等堅固的場所，建造出小小的「栽培空間」。多肉植物只要少許土壤就能生長，所以可以將底部加高達到輕量化。

在前庭等紀念樹的周圍，搭配宿根植物種植。選擇具有存在感的大型多肉植物，就算沒有花，也能令人留下深刻印象。

和宿根植物一起種植在樹木基部周圍

不易淋到雨的屋簷下

多肉植物有許多不耐過濕的品種。只要利用不易淋到雨的屋簷下，就能安心栽培。長方形的容器中種植了「十二之卷」、「霜之鶴」、「神刀」，以及「舞乙女」等組合。

踏腳石或水泥的縫隙間

適合當作地被植物或是比較健壯的品種，也可以種植在這些地方。能融入踏腳石之間的碎石中，彷彿像是個迷你花園。

小小的死角空間

在庭院角落的死角空間，以景天屬為中心的多肉植物，搭配水泥藝術品和迷你模型打造出奇幻風格。令人不禁想一探究竟。

陽台或玄關周圍

不易淋到雨的陽台或玄關附近，非常適合用來種植多肉植物。試著利用盆器或是一些可愛雜貨，打造出能發揮特色的空間吧！

圍籬或木板

沒有土壤的地方，可利用壁掛花盆打造出立體空間。不僅便於照顧，也能為庭院增添特色。

多肉植物花園的四個常見疑問

Q1 可以直接種植在地面上嗎？

A 說到多肉植物，雖然許多人都是聯想到盆器種植，不過多肉原本就是植物，不如說種在地上才是更自然的樣貌。但是原產地和日本的氣候相異，所以並非所有多肉植物都適合直接種植在地上。其中也有不喜好梅雨般的長期雨季、夏季高溫潮濕，或是冬季寒冷的品種，因此在本書100～123頁列出了容易栽種且強健的品種，可參考此列表挑選。

Q2 多肉植物都能渡過冬季嗎？

A 無法一概而論。因為日本的南北狹長，同時也具有高低起伏，氣候根據地區會出現較大的差異。在房總半島、紀伊半島、九州南部，以及沖繩等地區，如果不是極為不耐寒的品種，大多都能渡過寒冬。不過在寒冷地區則並非如此。需要將耐寒性較弱的品種種植在盆器內，到了冬天再移動到室內等，以渡過嚴寒冬季。

雖然想要打造多肉植物花園，但是我也能做得到嗎？
在這裡為大家解答新手最常出現的疑問。

Q3 可以和多肉植物以外的花草一起種植嗎？

A 基本上是可以的。不過若因為其他植物生長過於茂密而遮擋太陽，會使植株高度較低矮的品種缺乏光照。也會出現植物因為生長旺盛，根系過於發達，使多肉植物失去生長空間。另外也不建議和喜好多濕的植物一起栽種。適合搭配生長環境相似的植物栽培。

Q4 需要管理嗎？

A 養護簡單也是多肉植物花園的魅力之一。種滿花朵的花園，每天都要進行摘花瓣等養護管理的作業，而多肉植物花園幾乎放任生長即可。偶爾檢視狀態並進行適度的照料就已足夠，所以也適合忙碌而沒有時間管理庭院的人。

蓮花掌屬
「黑法師」

歡迎來到多肉植物花園

住宅周圍、陽台或是前院等，
你找到能成為多肉植物花園的場所了嗎？
只種植多肉植物，還是要和其他植物一起栽種？
也有盆栽種植、花圈、壁掛盆或是組合盆栽等方法，
還可以運用木板、棚架等，打造出充滿個性的小小世界。
形狀、顏色和質感富有趣味的多肉植物，
擁有別於其他植物的獨特魅力。
如何將此魅力表現於花園中，各憑本事。
不需要侷限於固定觀念，憑著自由發揮，
打造出充滿創意的多肉植物花園吧！

蓮花掌屬
「紫羊絨」

風車草屬
「姬朧月」

蓮花掌屬
「旭日」

Part 1

想作為參考的
多肉植物小小花園

CASE 1

埼玉縣
堀內家

花草和
多肉植物搭配而成
的自然風花園

不斷繁殖增加，享受地面種植和盆栽種植的樂趣

屋主堀內利用玫瑰及宿根植物，享受打造自然風庭院的樂趣。在庭院各處種植於盆栽或是地面的多肉植物，和花草自然地融為一體。

「多肉植物的有些品種很容易繁殖，所以我用葉子扦插不斷繁殖增加數量，並且種植在各處。」屋主堀內說。多肉植物也很適合搭配雜貨，所以可挑選充滿個性的盆栽，享受和雜貨搭配的樂趣。

訣竅在於聰明活用屋簷下等，比較不容易淋到雨的地方。如果風雨不是太強的話，屋簷下並不太會受到雨的影響。因此可以種植較不耐高濕的品種，還能防止霜害。

「原本放在室外的紫月，有次淋到雨後就開始膨脹，所以就很緊急地放入屋簷下。」

在屋簷下方的地面，種植了生長草屬及景天屬當作地被植物。另外還製作可兼用空調室外機外罩的棚架，用來展示雜貨和種植於盆栽的多肉。夏天曾經讓鷹爪草枯萎過，不過除此之外的品種都還是很健康。枯萎的品種由於不適應環境，所以只好放棄，享受健康成長品種的栽培樂趣。

將繁殖後的幼苗製作成組合盆栽，裝飾於陽台扶手或玄關的柱子上等，不易淋到雨的地方，為空間增添特色。上圖的盆栽是「姬星美人」，以及能開出美麗花朵的生長草屬組合而成。

Point 1 聰明利用屋簷下空間

不容易淋到雨，也不易受到霜害的屋簷下，是適合栽培多肉植物的場所。
除了放置盆栽之外，也可以直接種植於地面。如果放置棚架或棧板等，還能打造出立體感。

將栽種多肉植物的小盆栽放入鐵絲籃中。只要下一點小工夫便能立刻改變氛圍，也很方便搬運。左起是「若綠」、「假海蔥」、「花月夜」。

上：用青鎖龍屬「舞乙女」「神刀」等組合成盆栽，並放置於屋簷下，避免直接淋到雨。下：將景天屬及龍舌蘭屬種植在棚架下方的周圍，呈現出自然的氣息。左：「仙人寶」圓圓的葉子描繪出一幅可愛風景。

CASE 1

棚架刻意不塗油漆，營造出樸實的氛圍。自然風格和多肉植物比較搭配。和可愛小物的組合也很值得注意。

Point

2 將空調室外機外罩當作展示用的棚架

DIY 設置兼用空調室外機外罩的棚架。
另外裝設展示用的小棚架
打造出玩賞多肉植物和雜貨組合的空間。
屋簷下方不容易淋到雨水，
因此是最適合栽種多肉植物的空間。

上：色彩鮮豔的木製小物，為整體空間增添特色。
左：將多肉植物的盆栽放入鐵籠中，再搭配可愛小物。

Point

3 搭配雜貨裝飾

有效利用廢棄小物、老舊裝飾物和空罐等，
搭配多肉植物擺飾。盆栽也是自己塗上油漆，發揮個人風格。
思考該如何搭配擺放，也是充滿樂趣的時光。

右：在喜歡的鐵罐中栽種景天屬。
中：自己塗油漆等，使用充滿個性的盆器。迷你的馬口鐵飾品成為特色。
上：小巧可愛的組合盆栽，非常適合搭配馬口鐵製的雜貨。

右：具有厚重感的石缽，和多肉植物的質感互相調和。
下：活用古董風的料理器具和盆器。

Point 4

藉由梯子呈現出立體感

使用老舊梯子代替棚架，
放置在玄關前的屋簷下方。
打造出立體空間，
也能在狹小的空間中，
增加更多擺放盆栽的位置。

上：每段分別放置組合盆栽，是擁有立體感的擺飾方法。
左：利用繁殖小苗打造出組合盆栽。將徒長枝條剪下扦插的蓮花掌屬「黑法師」，濃郁的色澤為整體帶來俐落感。

創意點子

繁殖後便能玩賞小小的多肉植物

在屋主堀內的庭院中，到處裝飾了迷你模型大小的可愛多肉植物，彷彿走入小人國般，充滿了迷人可愛的氣息。繁殖後的幼苗，也能像這樣搭配雜貨裝飾。

在小巧的容器中逐漸增生的「卷絹」。

用「翡翠珠簾」、「愛星」等組合成小盆栽。

在「卷絹」旁邊搭配一些「姬星美人」。

CASE 2
東京都
角野家

將陽台和屋頂打造成花園

搭配盆器和其他植物打造出風格獨具的空間

走出角野家2樓客廳面向的陽台，首先映入眼簾的是極具存在感的蓮花掌屬多肉植物。任由「黑法師」及「艷姿」的枝條自由生長。家中的窗邊也有專為多肉植物和仙人掌打造的空間。照料這些植物的是一家之主，開始栽培多肉植物第三年。

「多肉植物的魅力，果然還是那有趣的形狀和質感。所以我是看到喜歡的就會買回家。」屋主角野說。而且每年數次走訪輕井澤的專門店，選購多肉植物。

「生長緩慢也是魅力之處呢！超乎想像的延伸方式，或是突然開出花朵等，也有許多令人驚訝的地方。」

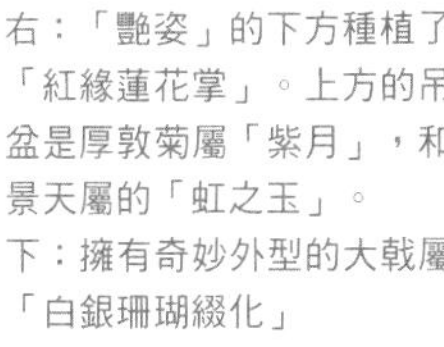

右：「艷姿」的下方種植了「紅緣蓮花掌」。上方的吊盆是厚敦菊屬「紫月」，和景天屬的「虹之玉」。
下：擁有奇妙外型的大戟屬「白銀珊瑚綴化」

Point 1

藉由簡約的盆器 強調植物的姿態

使用簡單風格的盆器
藉以強調多肉植物的有趣形狀。
再搭配蕨類等，能融合多肉植物氛圍的植物，
營造出充滿原始氣息的奇妙風景。
具有一致性的盆缽，呈現出俐落的氣氛。

將蓮花掌屬「黑法師」等多肉搭配灌木，妝點露台。

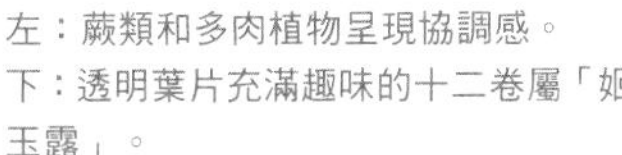

左：蕨類和多肉植物呈現協調感。
下：透明葉片充滿趣味的十二卷屬「姬玉露」。

屋主同時也經營著古董和珠寶店，所以盆器的挑選和擺設都極富品味。屋頂也用一些樹木和宿根植物打造出空中庭院，同時在地面上種植了多肉植物。也有無法渡過寒冬而枯死的品種，存活下來的品種則是健康茁壯，冬天葉子轉紅的模樣也很值得期待。

有時候也會將多肉植物和仙人掌繁殖後，移植到時尚的盆器內當作禮物送人：「有些人看起來比收到蛋糕時還開心呢！」

Point

2 將明亮的窗邊打造成仙人掌和多肉植物角落

室內的窗戶旁設置了多肉植物和仙人掌的角落。
日照充足，而且只要開窗就能保持通風，
不耐低溫的品種也能健康成長。
擺飾方法也經過巧思，因此能為客廳增添特色。

左：用來種植仙人掌的容器是珠寶盒。彷彿小矮人在跳舞般。
下：將往上生長的蓮花掌屬放在最上層。

左：帶有透明感的十二卷屬「圓頭玉露」（左邊棚架的上層）、擁有白色細毛的「玉麟鳳」、「白星」（右邊棚架下層）等沐浴在陽光下的模樣非常美麗。

上：梣樹周圍除了玉簪、聖誕玫瑰、莎草、山桃草等宿根花草之外，也種植了擬石蓮花屬的「高砂之翁」、「雙隻鶴」、「大瑞蝶」等多肉植物。

Point

3 搭配樹木和宿根植物的協調感

在充滿自然氣息的屋頂花園中，
種植了一棵紀念樹，
而樹木周圍則圍繞著宿根花草和多肉植物。
藉由體積較大的品種襯托出存在感。

上：外型獨樹一格的蓮花掌屬「紫羊絨」。
中：葉緣美麗的蓮花掌屬「夕映」。
下：在充滿個性的六角形容器內，組合成多肉盆栽。

在細長型的盆器內栽培了約20種品種。隨著時間經過，茂盛茁壯的樣子也很有趣。

Point 4 享受生機蓬勃樣貌的組合盆栽

將多種品種製作成組合盆栽，便會不斷延伸生長，
有些種類長得茂盛，也有些品種會遭到淘汰。
像這樣自由生長的樣貌，也是多肉植物的魅力所在。
如同會逐漸改變形狀，擁有生命力的藝術品般。

創意點子

藉由俐落感的盆缽營造出成熟大人感

不同的盆缽能展現出各種風情樣貌，這也是多肉植物和仙人掌的有趣之處。使用帶有俐落感的盆缽，能強調植物的質感和形狀，營造出成熟的大人氣息。將相同的盆缽並排還能呈現出韻律感，打造出藝術風格。

上：生鏽的鐵罐也別有一番風味。左上：將仙人掌「象牙團扇」和「白烏帽子」交互種植，享受抽新芽的樂趣。左下：將各種多肉植物種植在同樣的盆缽中，並且排列於窗邊。

夢想無限的微型花園

多肉植物的獨特形狀最適合用來裝飾微型模型

屋主奧山開始將多肉植物運用於微型作品（Diorama）是在15年前。利用多肉植物的獨特外型，創造出奇幻的袖珍世界。微型作品中的「栽培空間」，也都是手工製作。為了使排水良好，下方1／3的介質是用鹿沼土和赤玉土混合而成，其他則是填補輕石這種紋理較細緻的介質。

「增加輕石的比例，就算下大雨也比較不會受傷，種植在地面上的生長狀態也比較良好。所有品種都是放在室外渡過冬天。」

據屋主奧山說，製作微型風景的重點在於石頭。平時就會蒐集自己喜愛的形狀，再根據想要創造的風景搭配擺設。多肉植物就算幾乎沒有土壤也能培育，所以也可以將漂流木鑽洞，扦插小芽，再用水苔填補固定。

為了保持美麗的外觀，多肉植物的修剪養護也很重要。剪去徒長的枝條以避免外型凌亂，以及用鑷子夾除枯萎的葉子等。

「多肉植物不論形狀或顏色都充滿魅力，冬天也不會凋謝，一整年都能欣賞。玄關的微型花園，同時也是街道行人的一幅美景。」

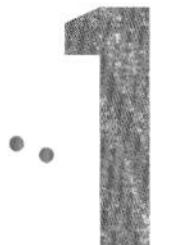

Point

1 運用樓梯打造出迷你世界

將從道路接連至大門的樓梯，打造成立體的微縮世界。
充分發揮多肉植物有趣的形狀，
完成這個獨特的風景。
令人不禁想踏入這個小小世界一探究竟。

上：也會擺飾迷你人偶等。下：並列的生長草屬「紅薰花」，有如南半球乾燥地帶的風景。

上：在漂流木上鑽洞，插入擬石蓮花屬「白牡丹」和景天屬「乙女心」等小芽。

中、左：令人意想不到的地方
竟然有迷你小人模型。

青鎖龍屬「方塔」

青鎖龍屬「數珠星（烤肉串）」

景天屬「新玉綴」

十二卷屬「九輪塔」

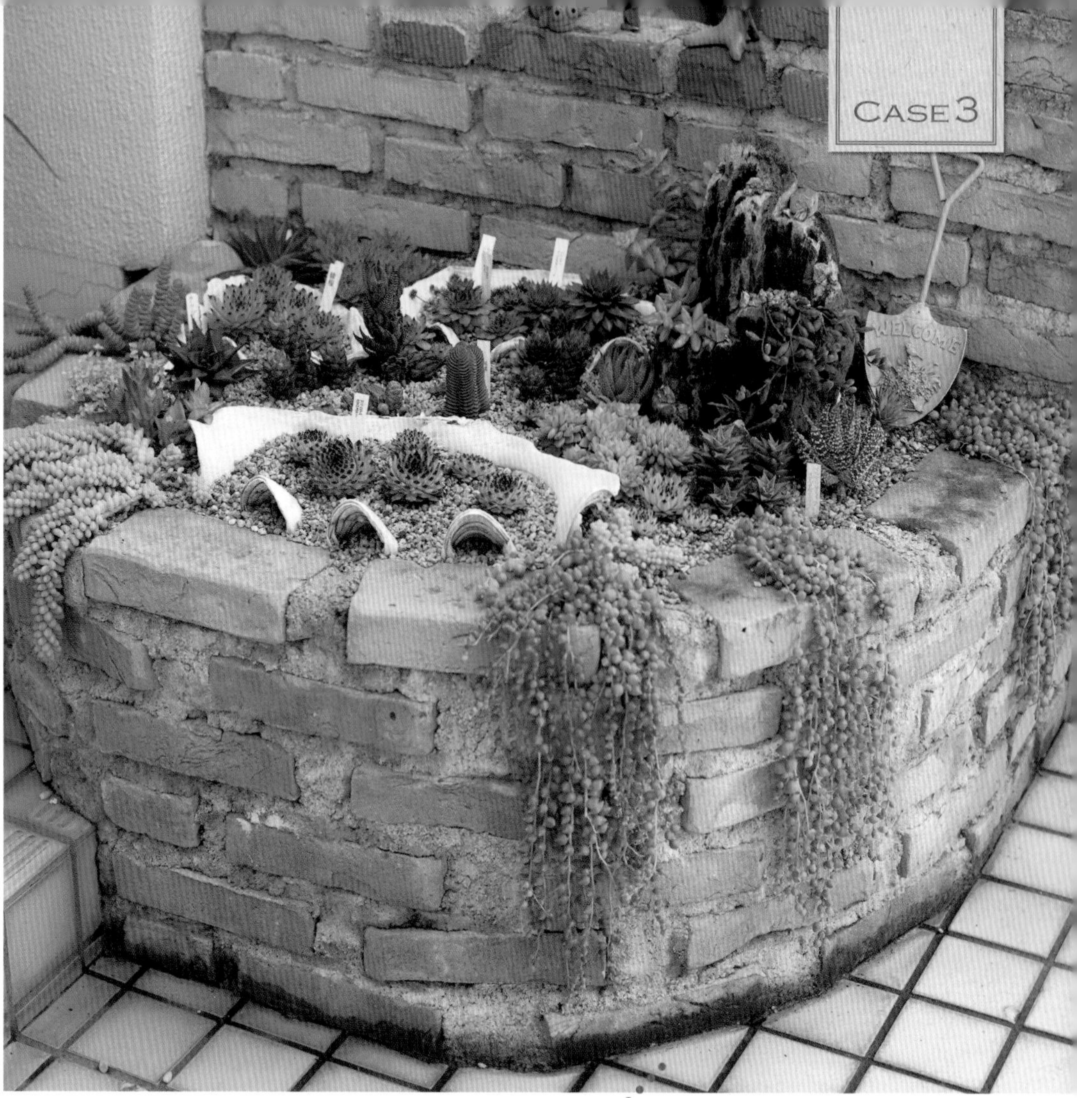

多肉植物的各式形狀打造出一幅風景。
硨磲貝的運用方法也很特別。

Point

2 藉由 DIY 的「栽培空間」打造成易於欣賞的高度

玄關旁的「栽培空間」，
總是吸引訪客佇足欣賞。
在架高的花壇邊緣種植「新玉綴」等
垂吊類的品種，增添立體感。
岩山狀的石頭成為矚目焦點。

上：仔細觀察，便會發現到處都是巧思。
右：逐漸增生的新芽也非常可愛的生長草屬「約瑟夫夫人」和「海姆里克」。

右：搭配浮雕藝術，在小小的凹陷處種植龍舌蘭屬「第一號」、擬石蓮花屬「七福神」、景天屬「乙女心」等。

Point 3

即使是小空間也要加以活用

土壤少也能足以讓多肉植物健康生長，
所以就算再小的空間也能靈活運用。
搭配微縮景觀的迷你模型，
就能創造出小巧可愛的世界。

上：靠近一看是這種感覺……。彷彿走進不可思議的王國中。
左：在火山岩的凹洞處栽種蘆薈屬「翡翠殿」和景天屬「乙女心」。秋天能欣賞轉紅的葉子。

創意點子

成為特色的微縮模型

微縮花園不可或缺的就是房子、人和建築結構等迷你模型。屋主奧山除了手工製作之外，也會利用鐵道模型，以及外國製的微縮景觀專用模型。小小的紅磚塊和橋等，擺放了各式各樣的模型。

迷你尺寸的房子是微縮景觀專用的市售品。
踏腳石也是微縮景觀用的產品。

用竹籤自製的橋。
小人模型為市售產品。

CASE 4
東京都
米山家

展現
世界觀的
小小角落

上：在木板上挖洞，種植景天屬「高加索景天」、「虹之玉」等。右：將裂開的老舊磚塊當成盆器使用。粗獷的風格，也很適合搭配多肉植物。後面的盆栽是「女王花笠」，前方磚塊種植的是「桃源鄉」、「火祭」、「蝴蝶之舞」等。

Point 1

利用屋簷下方空間打造成 DIY 的多肉植物角落

將屋簷下鋪設水泥地板的部分
藉由 DIY 設置多肉植物角落。
通風良好，而且又能防雨淋和霜害，
是非常適合培育多肉植物的環境。
活用盆器及小物，營造出小巧的「展示空間」。

下：表面粗糙的盆器及磚塊，也可以享受著色的變化樂趣。左下：將裂開的凹洞磚塊和網子組合成盆器使用。

右上：用「紫月」和鐵絲做出迷你吊飾。左上：「月兔耳」和「翡翠珠簾」的質感和形狀呈現出有趣的對比。

藉由DIY 將小空間大變身

米山夫婦兩人都很享受於打造庭院的樂趣。屋主太太雅子本身是從事植栽設計和養護管理的工作，所以自己的庭院也充滿了各式各樣的創意。

為了能盡量將多肉栽培於室外，因此將屋簷下的空間DIY成為多肉植物的專屬角落。另外還將背板打洞製作出窗戶，以促進通風。

據女主人雅子說：「多肉植物兼具率性和可愛感，會根據擺設方式而改變，也是多肉植物的魅力所在。只要換一個容器，整個氛圍也會截然不同。」

正如同此話所述，米山家擺放了各式各樣的盆缽，同時也會將破裂或是開洞的廢棄磚塊等，重新利用成盆缽。

面向建築物的停車場旁的小空間，則是利用石材打造成岩石庭院風格。栽種多肉植物和葉子色彩豐富的植物，營造出俐落的大人氛圍。「最值得矚目的焦點是極具存在感的大棵龍舌蘭。由於是難以在室外過冬的品種，所以連同盆缽埋入地面，到了冬天再移到室內。」雅子說。是帶有一些南國風，同時兼具個性的小花園。

CASE 4

Point 2

岩石庭院風的小花園

在花園內栽種龍舌蘭屬「笹之雪」。由於冬天會移動到室內管理，因此是連同盆缽埋入地面。

將停車場一隅的小空間打造成岩石庭院風格。
於加高的植栽空間放入輕石，確保排水良好，
同時也能營造出氣氛。
無法渡過嚴冬的品種則是連同盆缽埋入地面。

創意點子

簡單打造出岩石庭院風格的空間

將石材沿著邊緣排列，接著往上堆疊做出高低差，再放入植物用的培養土，打造出植栽空間。高低差也能有助於排水。於背景處架設圍籬，就能緩和背後房子建材的突兀感，營造出獨立的岩石花園氛圍。

面向道路的小空間。由於土質不佳，所以無法直接栽種植物。

架設背景圍籬用的支柱，以及堆疊石材的狀態。於石頭之間填補培養土。

上：為了能更顯景天屬「白霜」等的有趣形狀，也會更換各種植栽方式和表層裝飾介質。左：將樸素的木架塗上顏色，就能呈現出復古的時尚氛圍。

上：將老舊的水管零件當作盆器。栽種青鎖龍屬「星乙女」等。下：充分發揮植物形狀和質感的盆器，能帶來各種不同的變化。種植虎尾蘭屬「虎尾蘭」等。

Point 3 並排於棚架上 享受展示樂趣

將棚架放置於屋簷下，排放喜愛的多肉盆栽。
日照充足且不易淋到雨，是適合多肉植物的環境。
盆器也充滿巧思和個性。
虎尾蘭屬較不耐寒，到了冬天便會移動至室內。

右：在有如鳥籠般的復古裝飾品中，放入可愛的組合盆栽。左：將保麗龍削成喜愛的形狀並塗上砂漿塗料，便成為壁掛式的盆器。

Point 4 藉由小巧的組合盆栽 營造出一幅美景

多肉植物部分品種會自己不斷增殖，
因此可利用繁殖的小苗，製作出小巧的組合盆栽。
要培育什麼品種，該怎麼組合？
藉由不同的巧思，就算小小一個盆栽也能為空間增添特色。

CASE 5
神奈川縣
市川家

活用車庫和圍籬，打造出立體空間

挑選適合環境的品種任其自由生長

市川家的DIY由先生負責，屋主夫婦兩人都非常享受多肉植物生活。「我們家其實沒有栽培多肉植物的良好條件。」市川太太如此說。

由於庭院非常小，所以將原本的車庫和沿著道路的圍籬，當作多肉植物栽培空間。圍籬朝北的關係，雖然不用擔心多肉植物曬傷，但是也有因為日照不足而徒長或不耐嚴寒的品種。放棄因為環境不適合而枯死的品種，不斷嘗試錯誤挑選品種，並以吊盆的組合盆栽為主，享受多肉植物的立體空間。

「多肉植物非常可愛，而且就算沒有土壤也能成長。栽培1～2年之

後，外型逐漸成自成一格的模樣，也是其魅力所在呢！」市川太太說。製作組合盆栽或吊盆時，會注意不要將生長類型的夏型和冬型品種混在一起，其他就沒考慮太多，不斷嘗試不同組合。

不論看到什麼，頭腦中都會冒出「想用來種多肉植物」的點子，所以會使用附近海邊撿來的漂流木，或是將壞掉的傢俱塗上顏色來栽培多肉。「耐乾燥又栽培容易，所以多肉植物充滿了無限可能。」

左：由各種適合搭配藍色的品種組合而成。
下：帶有水龍頭、有如叢林般的容器內，種植了「姬吹上」和「仙人寶」。

Point 1

決定雜貨的顏色 呈現出一致性

椅子、木製籃子等，用油漆統一塗成淡藍色。
多肉植物也有葉子是藍色系的品種。
因此能互相協調，不會產生衝突感。

右頁中在原本是車庫的空間，放置了葉片極具存在感的龍舌蘭屬「吹上」（右下方），再搭配各式各樣的多肉植物組合盆栽。下：牆面是利用漂流木等廢棄材料，種植有如花朵造型的擬石蓮花屬和「仙人寶」等垂吊品種，製作出吊掛型組合盆栽，打造出風格獨特的空間。

Point 2

利用沿著道路的 壁面空間

DIY 製作木框，打造出壁掛盆栽的空間。
不使用市售的壁掛盆，
而是藉由自己的創意，
享受充滿個性的空間。

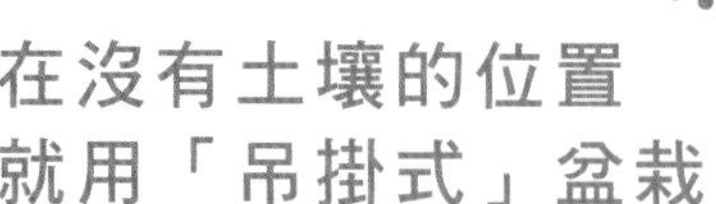

Point 3

在沒有土壤的位置
就用「吊掛式」盆栽

雖然庭院非常狹小，
不過卻能藉由各種「吊掛」巧思，打造出立體空間。
像是充滿個性的壁掛盆等，
為多肉植物帶來無限的可能性。

右上：在充滿自然風情的木板上挖洞，再利用水苔栽種「火祭」、「星美人」、「朧月」。左上：「白姬之舞」和「新玉綴」已經任其生長好幾年。欣賞其枝條生長的姿態。左：將海邊撿到的漂流木洗去鹽分後，組合成喜愛的形狀使用。栽種「極光」和「春萌」等。

上：於庭院樹木下方放置棚架並種植「秋麗」，可避免直接被雨淋。放任生長了好幾年也仍然健康茁壯，自由生長的樣子表情豐富，耐人尋味。
左：在和隔壁住宅之間的圍籬旁，放置了多肉植物的畫框，使其更加美觀。

CASE 5

左上：將兒童玩具塗上油漆，當作栽培容器。左下：製作出窗型的木板並嵌入鏡子，種植矮樹玉屬「雅樂之舞」，以及十二卷屬「十二之卷」等。下：將屋主太太年輕時所使用的梳妝台，拆下部分利用成壁掛盆的背景，種植「白姬之舞」和「朧月」等。

Point 4

將 DIY 小物和多肉植物搭配組合

將多肉植物和各式雜貨
搭配組合，也是樂趣之一。
老舊或壞掉的傢俱等，可藉由各種巧思
變身為多肉植物的栽培容器。
製作出滿意的作品時，喜悅無法言喻。
同時享受手作和栽培的樂趣。

創意點子

將繁殖的小苗製作成迷你組合盆栽

將剪下的枝條或繁殖的小苗，製作成迷你組合盆栽，放在廚房窗台、洗臉台角落或是家具上。小小的容器能更顯可愛感，所以也可以利用置蛋器、小瓶子或是小盒子來栽培。

上：將扦插的枝條或繁殖的幼芽，種植在小巧的容器中並放置於窗邊，成為室內擺設的亮點。　左：如同彼得兔的花園般。

CASE 6

東京都
若松家

藉由壁掛盆
和組合盆栽增添特色

左：附有黑色把手的盆器，和圓潤質感的多肉植物非常搭配。
下：將看似廢棄的容器穿過鐵線，立刻變身為吊掛式盆栽。

右下：於鞋子造型的容器內種植青鎖龍屬「圓頭玉露」、擬石蓮花屬「銀晃星」及「古紫」。左下：小桶子的雜貨容器中，種植了鈕扣藤。

Point 1

展示盆器或小物的一點小巧思

將形狀及顏色豐富的各種多肉植物，
種植在充滿個性的盆器中，為陽台增添特色。
將大小各異的盆栽配置出立體感，並藉由和小物的搭配，使狹窄的空間也能營造出豐富多采的風景。

有效活用立體空間 小巧的空間也能充滿變化

在庭院和陽台都種植了多肉植物的若松則子，是一位教導組合盆栽和壁掛盆的講師，使用多肉植物製作的花圈及組合盆栽等，也擁有極高的評價。

「不論是陽台或庭院，只要放置一個具有存在感的組合盆栽或花圈，就能為景觀帶來變化。雖然多肉植物的組合盆栽和花圈，不及用花卉製作的華麗，不過隨著時間流逝，卻能百看不膩而且融入空間中。」若松說。根據組合方式，就算只有多肉植物也能呈現出豪華或繽紛感。

訣竅在於挑選品種時，要同時考量到顏色和質感的協調。像是選擇種植同色系的品種時，就可以試著加入葉色較深或白的品種當作亮點，進而產生對比，呈現出整體感。

由於陽台較淺，所以用較立體的方式展示盆栽，有效利用空間。用大小不同的盆缽營造出律動感，再藉由和小物的組合，打造出綠意空間。由於庭院緊鄰隔壁住宅，所以設置了遮擋用的木板。在棚架上設置內凹處，因此可避免直接雨淋，成為適合培育多肉植物的場所。

CASE 6

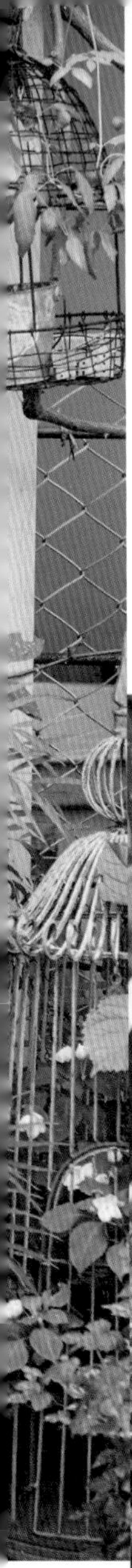

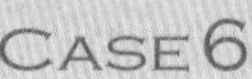

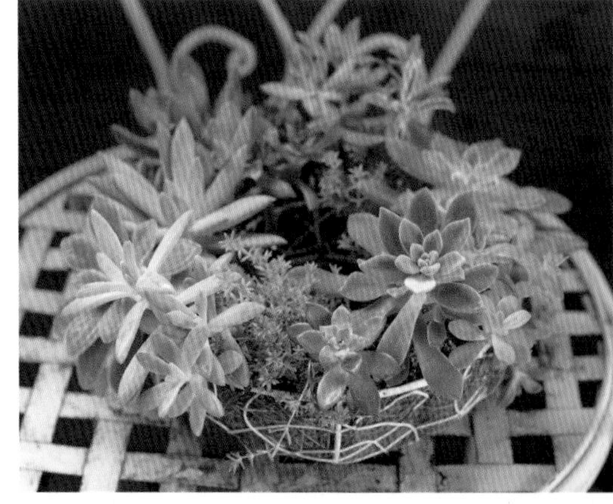

右：復古風的椅子不但能為空間增添特色，也是裝飾組合盆栽或花圈的場所。

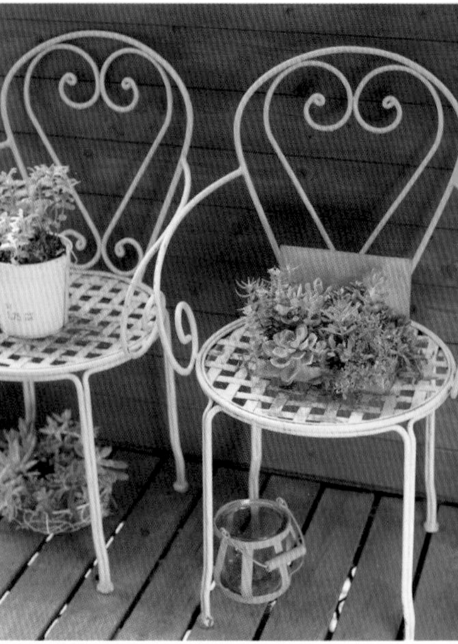

上：纖細的椅子骨架，和多肉植物非常搭配。左：集結褐色系品種的組合盆栽。「月兔耳」毛茸茸的質感成為亮點。

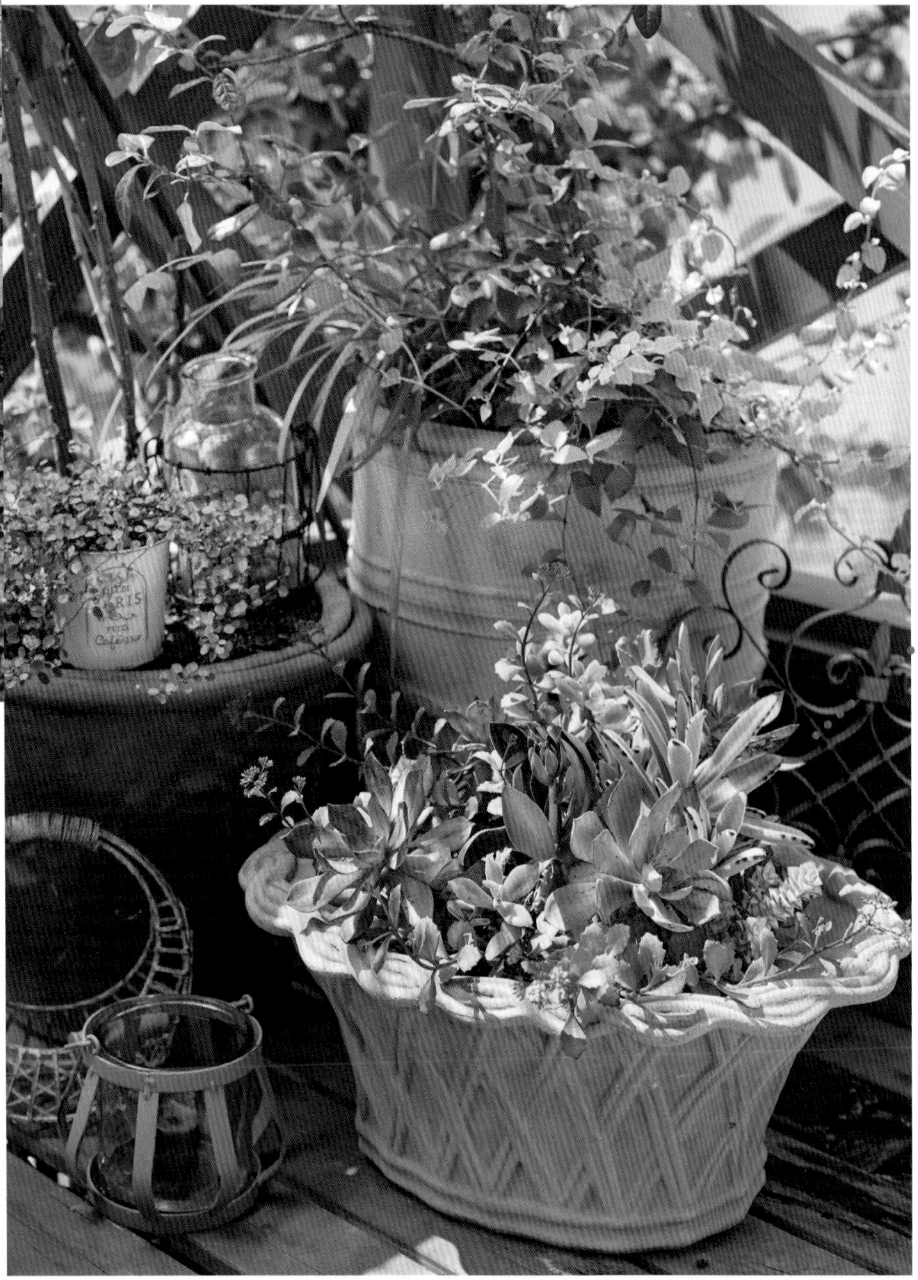

Point

2

藉由極具存在感的組合盆栽打造出宜人風景

只要放一盆
極具存在感的組合盆栽，
就能瞬間改變陽台的氛圍。
打造空間中的焦點時，
盆缽建議也選擇
擁有存在感的設計。

右：華麗的花圈是空間中的主角。
下：門柱上也隨性放了一些盆栽。紫色葉片和鮮豔的綠色，非常搭配粉紅色的秋海棠。

Point 3

藉由多肉植物 為庭院增添特色

擁有不同葉片顏色和質感的多肉植物，
能藉由擺飾方法成為庭院的特色。
將具有存在感的花圈放在焦點處。
或是在小小的場所放置一些盆栽，
為庭院帶來豐富的變化。

創意點子

將紅茶罐當作盆器

多肉植物在底部沒有打洞的容器也能生長，所以任何物品都可以用來栽培多肉植物。像是紅茶的鐵罐，放入植物栽種便能呈現出時尚感。另外像茶壺或馬口鐵的小桶子，都能當作盆器使用。

上：馬口鐵容器內為「絲葦」，茶壺內種植的是草胡椒屬「圓葉椒草」。左：景天屬「丸葉萬年草」，右為青鎖龍屬「若綠」。

CASE 7
東京都
林部家

用長型花盆打造迷你花園

植栽設計 TRANSHIP

上：存在感強烈的「紫羊絨」和垂吊類「翡翠珠簾」的強烈對比，令人印象深刻。右：將住宅周圍僅有的小小空間，用長型花盆和直立型盆架打造出立體感。

彷彿用多采多姿的多肉植物在帆布上揮灑圖畫般

放置於住宅周圍的長型花槽，種植了色彩豐富的各式多肉植物。美麗的景色令經過的行人不禁駐足欣賞。每個花槽就像是一個小花園般，光是多肉植物就能呈現出如此豐富的面貌，讓人讚嘆。

屋主林部原本對多肉植物沒什麼興趣，不過如今已經完全是個多肉迷。「幾乎不太需要費心管理，就算放任生長也能長得很好，而且冬天也很漂亮呢。逐漸伸展變形的樣貌也非常有趣。」屋主林部如此道。之後也會繼續玩賞多肉植物。

多肉植物彼此的顏色和質感差異就有如藝術品般

❶風車草屬「朧月」
❷擬石蓮花屬「塵埃玫瑰」

❶景天屬「粉雪」
❷景天屬「勞爾」

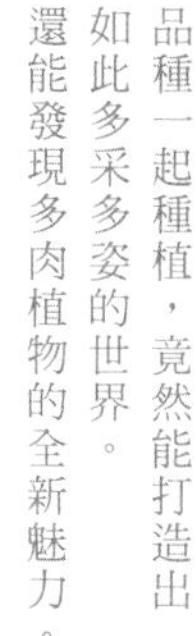

將質感、顏色和形狀各異的品種一起種植，竟然能打造出如此多采多姿的世界。還能發現多肉植物的全新魅力。

❶生長草屬「阿爾法」
❷擬石蓮花屬「妮可莎娜」

❶風車草景天雜交屬「秋麗」
❷擬石蓮花屬「特玉蓮」
❸黃菀屬「翡翠珠簾」

右：兔子形狀的剪影非常可愛。有如玫瑰花般的擬石蓮花屬和金黃色的景天屬，呈現出美麗的對比。

左：「黑法師」、「紫羊絨」，以及斑狀的「旭日」令人印象深刻。

下：自由生長的數種景天屬，和紫葉及綠葉品種互相調和。

CASE 8

東京都 大石家

利用間隙和細長型空間

植栽設計 TRANSHIP

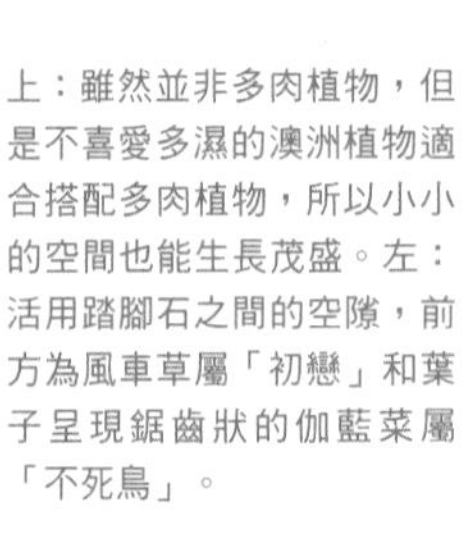

左：數種類的景天屬充滿活力地延展。右下：景天屬「三色葉」和百里香混植。左下：「黃金高加索景天」

上：雖然並非多肉植物，但是不喜愛多濕的澳洲植物適合搭配多肉植物，所以小小的空間也能生長茂盛。左：活用踏腳石之間的空隙，前方為風車草屬「初戀」和葉子呈現鋸齒狀的伽藍菜屬「不死鳥」。

和澳洲的植物互相調和

停車場和入口通道之間，在寬度僅有40㎝的細長型空間種植了各種珍稀的植物。將澳洲產的宿根草本植物、灌木和多肉植物混植，打造出能欣賞各種不同葉片的自然風花園。澳洲的植物和多肉植物都很耐乾燥，而且不喜愛多濕環境。由於生長環境相似，因此適合一起種植。

在踏腳石和栽培空間之間的狹縫也鋪上碎石，栽種景天屬等生命力較強的多肉植物。由於日照充足、排水良好，植物們都充滿了活力。

Part 2

有關多肉植物的二三事

多肉植物是什麼樣的植物？

為了儲蓄水分而呈現肥厚的型態

說到多肉植物，想必許多人都會先聯想到肥厚圓胖的樣子。近年來，這種獨特的外型使得多肉植物人氣高居不下，栽培的人也愈來愈多。

植物沒有水便無法存活。因此在降雨量少的乾燥地區，或是具有雨季及旱季的地區，植物便逐漸進化成能夠有效利用少量水分的型態，以繼續存活。多肉植物也屬於這類型的植物。

多肉植物是根、莖、葉等部位增厚，能自行儲存水分的植物總稱。許多品種的表面包覆著一層稱為角質層的堅固外膜，以防止水分蒸散。其中還有像是藉由蠟狀物質，防止表面受到強烈陽光的傷害，或是藉由細緻的絨毛有效吸收霧氣中水分等品種。

氣孔數較少也是特徵之一，這也是為了防止水分蒸散的構造。甚至是沒有葉子，或是極小的葉子等，都是多肉植物為了儘可能防止水分蒸散所進化而成的型態。

強健易栽培又可愛還能享受增殖的樂趣

栽培多肉植物的樂趣之一，就是逐漸繁殖增加數量。當然也有些品種較難以繁殖，不過像是不斷長出側芽，或是匍匐延展的品種也不在少數。另外，也有許多品種藉由扦插就能輕鬆繁殖。

將增殖的幼苗製作成組合盆栽，或是栽種於小巧的盆器中當作贈禮等，能享受各種不同賞玩方式。還可以和喜愛多肉植物的朋友交換品種。像這樣擴展多肉植物的可能性，也是其樂趣所在。

養護輕鬆管理簡單

由於多肉植物會自行儲存水分，所以不需要頻繁地澆水。另外像是欣賞花朵的植物，需要經常摘除花瓣等進行日常管理，不過以欣賞莖葉為主的多肉植物，就能省下這些手續。所以忙碌的人也能輕鬆栽培。

而且大多數品種即使到了冬天，地上部也不會枯萎，一整年都能欣賞美麗的姿態。其中還有像是氣溫下降便會使葉片轉紅的品種，顏色的變化也是魅力之處。也許這就是多肉植物

擬石蓮花屬「姬蓮」和「女雛」

景天屬「春萌」和「龍血景天」

擬石蓮花屬「高砂之翁」

擁有超人氣的原因。

話雖如此，多肉植物並非物品，而是活的植物。如果忘了這點，再怎麼強健的品種也會無法健康生長。最近有許多人將多肉植物當作室內裝飾品在購買，因此其中也有栽培到枯死的案例。

為了能栽培出健康的多肉植物，最重要的就是瞭解其生態和特徵，並給予適當的照料。雖然並不是需要費心照顧的植物，不過仍然要掌握基本重點，才能隨時欣賞美麗的樣貌。

蓮花掌屬「紫羊絨」
景天屬「乙女心」
伽藍菜屬「月兔耳」
蓮花掌屬「香爐盤」
蓮花掌屬「冰絨」
擬石蓮花屬「玉碟」

多肉植物的故鄉

多肉植物雖然原生於世界各地，不過共通點都是來自於乾燥地區。但是其中又可分為一整年只下極少量雨的地方、具有旱季及雨季的地區，以及雖然不下雨、卻常起霧的地區等，氣象條件各不相同。為適應當地環境而進化成不同型態，因此就算都被歸類為多肉植物，也擁有豐富的多樣性。

原產於南非的石頭玉，就是擬態成有如石頭般的紅砂及石英石，以防止動物的掠食。綠色品種為「金鈴」，紅色則是「胡桃玉」。

於南非懸崖盛開的粉紅色花朵，是大型的青鎖龍屬「玉盃」（前方），青鎖龍屬「銀元」（白綠色葉）和蘆薈屬「星光錦蘆薈」（最遠的綠色葉子）。

蓮花掌屬

生長草屬

擬石蓮花屬

龍舌蘭屬

厚葉景天屬

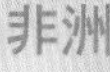

歐亞大陸

生長於溫帶的景天科植物、景天屬多肉植物等，適合直接栽培於日本地面。日本也有仙人寶等從以前就廣為人知的多肉植物。

瓦松屬

非洲

大戟屬以及擁有美麗花朵的女仙類、蘆薈屬、青鎖龍屬等，生長著各式各樣的多肉植物。尤其是從納米比亞到南非、馬達加斯加島這帶，擁有豐富的獨特品種。

大戟屬

十二卷屬

蘆薈屬

仙人掌

美洲

原生自北美南部和中南美有龍舌蘭酒的原料 — 龍舌蘭屬，以及外型有如花朵的擬石蓮花屬等各式多肉植物。

還有這種奇妙外型的多肉植物

擁有不可思議的形狀和奇異外型，也是多肉植物的魅力之一。一起來享受各種不同形狀的箇中樂趣吧！

細長型葉子也是多肉植物的一種

在龍舌蘭酒的原料──龍舌蘭屬中，也有像這樣擁有纖細葉片的品種。照片為龍舌蘭屬「姬吹上」。

外型有如迷你版的巨大樹木

莖部膨大類型的多肉植物。外型很像出現在『小王子』中的猢猻樹。照片中是小巧的天寶花屬「沙漠玫瑰」。

不可思議的透明植物

原生於非洲南部的小型多肉植物十二卷屬，還有這種透明的品種。彷彿寶石般的美麗極受歡迎。

如此奇形怪狀！

大戟屬「白銀珊瑚綴化」就如同海中生物般奇特。生長點分布於各處，因此呈現出如此奇異的外型。

在模仿石頭嗎？

有活寶石之稱的生石花屬「壽麗玉」。有說法是為了避免被動物食用，才會連模樣都跟石頭很相似。

和仙人掌的差異之處？

仙人掌也屬於多肉植物，是能夠在多肉化的莖部儲存水分的植物。原生環境主要也是乾燥地區。最大的差別在於大多的仙人掌都有刺。不過也有幾乎不帶刺棘的品種。此外，多肉植物的大戟屬、龍舌蘭屬和蘆薈屬當中也有帶刺的種類。但是仙人掌的刺在基部都有所謂「刺座」的綿毛狀部位，而多肉植物的刺並沒有這種結構。這也是判斷的重點之一。

多肉植物可以分成三種類型

根據生長時期分成三種類型

多肉植物大致上可區分為「夏型」、「冬型」、「春秋型」這三種類型。夏型是在氣溫較高的春至夏季生長，冬季休眠的類型。而冬型是在冬季旺盛生長，夏季休眠的類型。春秋型則是在春秋兩季的溫和氣候生長，低溫及高溫期生長較緩慢的類型。

每種類型的特徵

夏型有厚葉景天屬、風車草屬，以及部分青鎖龍屬等，容易栽培的品種居多，所以推薦新手種植。雖然基本上喜好氣溫較高的狀態，但是當中也有不耐日本高溫多濕的品種，或像是龍舌蘭屬及景天屬也有較耐寒冷，種植在地面也能度過寒冬的品種。

冬型多原生於冬天雨量較多的地中海沿岸、歐洲山地，或是從南非至納米比亞的高原等，比較冷涼的地區，因此較無法適應日本高溫多濕的夏季。其中也不乏像是具有透明葉窗的十二卷屬、有如石頭般的肉錐屬，或是從看似枯萎的植物中長出新芽的種類等奇特品種。

春秋型的栽培方式較接近夏型。不過卻會因為夏季的高溫而受傷，因此在夏天應進行遮光，減少水量使其休眠。三種類型的多肉植物在休眠時，都不會從根部吸收水分，所以休眠期可盡量不澆水。

另外還有處於中間的例外品種，可終年生長不休眠。

夏型

於春至夏的溫暖季節生長的類型。在冬天休眠

●栽培重點

春 在逐漸開始生長的季節。盡量在日照充足的場所栽培。如果栽種於盆栽時，應澆水至盆底流出水為止，待完全乾燥後再澆水。也是適合換盆、扦插或葉插的季節。從5月開始澆水最為安全。

夏 在梅雨季期間，不喜愛多濕的品種應移到屋簷下等位置。另外從梅雨季開始的整個夏季，應避免過於悶熱，保持良好通風。種植在地面時，應於夏天來臨前修剪其他植物，確保庭院整體通風。種植於盆栽內時，則應確實澆水。

秋 秋季葉片會轉紅的品種，若在此季節照射到充足陽光，便能轉為美麗的顏色。於夏季茁壯生長的植株，可於這個時期分株或換盆。種植在盆栽內的植株，可開始慢慢減少澆水次數，到了11月大概2週澆一次水即可。進入12月就不需要再澆水了。

冬 在此季節生長停止，所以盆栽幾乎不需要澆水。大概每個月澆水一次就已十分足夠。要注意盆栽如果放在有開暖氣的室內，便會開始生長。種植在地面時，有些品種需要除霜等以防止霜害。

●代表的品種

伽藍菜屬

厚葉景天屬

天寶花屬

虎尾蘭屬

大戟屬

馬麒麟屬

春秋型

在春秋兩季的溫暖季節生長的類型。
在冬季與盛夏休眠

栽培重點

春

大多數的種類都在此時期開始生長，因此要確保日照充足。種植在盆栽時，應充分澆水至水從盆底流出為止，待完全乾燥後再澆水。也是適合換盆、扦插及分株的季節。

夏

有許多不耐高溫的品種，所以盡量不要直射陽光，應放置在較明亮的遮陽處（50% 遮光），並保持通風良好。澆水次數也應減少。訣竅是栽培於不會淋到雨的場所。

秋

當氣溫下降後又會開始生長，所以可給予充足陽光。尤其是到了秋天葉片會轉紅的品種，最重要的就是在 10 ～ 11 月照射陽光。也是適合換盆、扦插及分株的季節。種植於盆栽時，可以隨著氣溫轉涼而逐漸減少澆水次數。

冬

生長逐漸停止，進入休眠直到春天。耐寒的品種雖然種植在室外也沒關係，不過擔心的話就移到室內。但是若放置在較暖和的場所而且澆水的話，容易讓莖部徒長。種植於地面時，應避免北風和霜害。

代表的品種

風車草屬

擬石蓮花屬

天景章屬

青鎖龍屬

十二卷屬

厚葉景天屬

冬型

從秋至春季生長的類型。
在夏季休眠

栽培重點

春

大多數的品種在春天是生長最旺盛的時期。種植在盆栽時，應充分澆水至水從盆底流出為止，待完全乾燥後再澆水。栽培於室內的盆栽應搬移到室外。不過盡量避免突然的直射陽光，可先在陰天搬出室外，使其慢慢習慣光線。

夏

高溫多濕容易造成腐爛，因此盡量栽培於通風良好，陰涼而且不會被雨淋到的場所。種植於盆栽時，盡量不要澆水。不過蓮花掌屬和生長草屬較不耐過度乾燥，因此夏季偶爾澆水即可。

秋

最喜愛太陽的季節。盡量使其照射到充足的陽光吧！種植於盆栽時，可以開始澆水。同時也是適合換盆、分株及扦插的季節。此外，在這個時期施予液肥等，能讓植株在冬天生長良好。

冬

耐寒性的冬型品種，幾乎都能在庭院渡過寒冬。栽培於室內時，偶爾可以開個窗戶，讓植株吹一吹新鮮空氣。澆水次數可減少。不過要注意別太過乾燥。

代表的品種

生長草屬

蓮花掌屬

生石花屬

厚敦菊屬

仙女杯屬

白浪蟹屬

買回家後該怎麼辦？

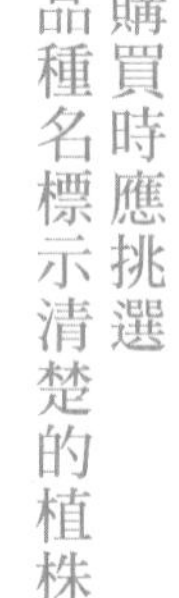

購買時應挑選品種名標示清楚的植株

如果是專門店的話，想必店員都願意仔細說明。想要栽培在哪裡或是如何栽培等，若有明確的想法，對方也會比較好建議。這時候也應同時確認栽培的容易度，以及注意事項等。

購買多肉植物時，如果是自己不熟悉的品種，應選擇有品種標示的植株。若不清楚品種名，就算想瞭解其特性和栽培方法也無從著手。另外，買回家之後也不要把品種標示丟掉，可連同植株一起插在盆栽內，或是和苗株一起拍下照片紀錄。

若季節合適應立即移植到喜愛的盆器內

如果是適合換盆的季節，購買後應立即將植株定植於喜愛的盆器或庭院內。若買來是裝在塑膠盆中的，可以試著移植到喜歡的盆缽裡。以盆栽方式栽培時，就算是底部沒有洞的容器，只要放入珪酸鹽白土（MillionA等）也能栽種，所以不妨試試專門用來栽培植物以外的容器吧。

製作組合盆栽的訣竅，是盡量將冬型和冬型、夏型就和夏型品種加以組合。如果同一盆栽中休眠期各異，就有可能影響到生長狀況。另外炎夏及寒冬應盡量避免換盆或定植。

慢慢讓植株適應陽光最後再給予充足光線

市售的苗株大多是在溫室栽培，如果突然讓植株直射陽光，有可能會因為曬傷而使表面呈現枯萎褐色。買回家後應先放在遮蔭處數天並觀察狀態，接著於陰天移到室外，使其慢慢適應陽光。待植株適應後就能給予豐富日照。

種植在地面

比較強健或是耐寒的品種，
可以直接種植於庭院或室外的「栽培空間」，
享受庭院景觀的樂趣。

種植在喜愛的盆缽中

移植到喜愛的盆缽，打造不同風格。
用少許土壤也能栽培，所以可以試著用
各式各樣的容器代替盆缽栽培。

多肉植物喜好的環境

絕非室內 栽培於室外才是基本原則

一般而言多肉植物喜好日照充足和通風良好的地方，因此最佳場所非室外莫屬。不過炎夏的直射日光也有可能造成曬傷。此外，不耐梅雨季和日本高溫多濕夏季的品種也不下少數。所以重點就在於要讓植物舒適渡過梅雨到夏天這段期間。最重要的是要栽培於通風良好、半日照，不會過於悶熱的環境中。

另外，日本列島南北向極長，所以也有冬季氣溫極低、積雪較多的地區。這時候就必須將植株移到室內等，實施防寒對策。

栽培於室內時 應放置在明亮的窗邊

栽培於室內時，應擺放在明亮的窗邊等日照和通風良好的位置。不過夏天透過玻璃照進室內的陽光，有可能造成溫度過高。另外將窗戶緊閉外出時，也可能會讓室內過於悶熱，使植物失去活力。最重要的就是接觸外界空氣，偶爾打開窗戶讓植株呼吸新鮮空氣吧。

種植在盆栽時

為了能讓植株健康成長，通風和日照都是必須的。除了嚴冬之外，應盡量將盆栽放置於室外，才能培育出活力的植株。栽培於室內時，偶爾移到室外使其接觸新鮮空氣吧！

屋簷下等 也有些品種無法適應日本的梅雨季，所以放置在陽台或屋簷下等不易淋到雨的位置，就能便於管理。

明亮的窗台邊 栽培於室內時，建議放置在日照和通風良好的明亮窗邊。

種植在地面時

一般而言，多肉植物不喜愛土壤囤積水分的狀態。若土壤排水不良時，應在移植時，在植穴中放入細石或輕石等以促進排水。

排水良好的場所 盡量避免種植在下完雨後會積水的位置。打造「栽培空間」時建議使用排水機能較好的介質。

日照充足的場所 雖然也因品種而異，不過仍應種植在半日照或日照充足的地方為主。

盆栽的培育方法

用土

基本上多肉植物都是來自於乾燥地區，因此栽培時也偏好排水良好的用土（介質）。在草花用培養土或花盆用土中，加入三成的赤玉土（小顆）或鹿沼土，就能調出擁有適度保水力，而且排水和通氣性優良的介質。雖然也有市售的仙人掌或多肉植物專用土，不過每間廠商所調配的比例都不同，因此也無法一概而論。使用專用土時，建議挑選值得信任的廠商。

若是自己調配介質時，可以用赤玉土（小顆）：腐葉土：蛭石以1：1：1當作基本比例調配，不過也可以盡量混入一些河砂或燻炭等其他介質。可用堆肥代替腐葉土使用。可調配出性質互補、通氣性佳，適合栽培多肉植物的介質。

在栽種時，應於盆底放入輕石等以促進排水。不過小型盆缽也可以不放。最後還可以在用土表面，放上彩石或玻璃碎石等加以裝飾等，增添個人風格。

盆器

多肉植物生長速度慢，養分消耗並不多，所以就算使用比一般植物還少量的土壤也能健康成長。也因此無論用哪種容器都能栽培，這同時也是多肉植物的樂趣所在。

種植於盆栽中時，底部有洞的容器最為理想，沒有孔洞的容器也盡量在底部鑿洞。不過就算是沒有洞的容器，只要注意澆水也能充分栽培。這時候建議在底部放入有助於防止根部腐爛的珪酸鹽白土（MillionA 等）。

栽培於盆栽時，龍舌蘭屬及蘆薈屬等粗根型，和擬石蓮花屬及景天屬等細根型的栽培方法稍有差異。粗根型的植株盡量不要剪到根系，將枯掉的根系去除即可。而細根型的如果植株較大棵茁壯，可從前端剪去一半的根系以促進發根。不過較小的苗株則建議直接栽種。兩種類型都應避免於炎夏或寒冬時換盆及定植。

基本的用土

自己調配時的用土。
基本比例是以赤玉土1：腐葉土1：蛭石1。
也可以根據情況加入少許燻炭或河砂。

赤玉土
種植於盆栽時的基本介質。擁有極佳的通氣性。市售有小、中、大顆粒，建議使用小顆粒即可。

腐葉土
（也可以用堆肥）
用落葉發酵而成的有機質土。具有提升保水和保肥性的作用。

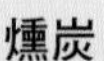

蛭石
將礦物以高溫加熱而成的介質，非常輕且保水性、通氣性極佳。扦插時可單獨使用此介質。

燻炭
稻殼焚燒至碳化的介質。能增加介質的通氣性和保水性，同時也能夠防止根部腐爛。另外還有中和酸性土壤的作用。

河砂
能夠提高通氣性的改良介質。也可以當作仙人掌的栽培用土。

基本的種植方法

粗根型和細根型植物的定植及換盆方法稍有差異。

細根型

擬石蓮花屬、景天屬及生長草屬等根部較細的類型

重點在這裡 根系生長過於茂盛或呈現盤繞狀時可以適度切除

栽種的順序

1 根系佈滿盆內時，可輕敲盆子使土壤鬆軟，就能將植株從盆中取出。

2 撥鬆舊土，並去除約一半量的土壤。這時候可仔細確認根部是否有根粉介殼蟲等蟲害。接著減去下半部~1/3 的根系，以促進發根。

粗根型

蘆薈屬、十二卷屬及龍舌蘭屬等，根系較粗的類型

重點在這裡 不要強硬摘除枯葉，用剪刀縱切後即可輕鬆摘除

栽種的順序

1 將龍舌蘭從塑膠盆中取出的樣子。較粗的根系沿著盆底纏繞的狀態。

2 若保留枯葉會不容易長出新根，所以應將其摘除。只要用剪刀將枯葉縱剪，便能往兩側輕鬆剝除。

3 去除大部分的土壤後，中間會呈現空洞狀。

4 老舊或枯萎的根系，可從根基部切除。同時注意別傷到白色的健康根系。之後再用適合的介質栽種即可。

種植完成

龍舌蘭屬「吉祥冠」

還可以用這些容器種植

藉由個人創意，無論什麼容器都能用來種植多肉。
多方嘗試，享受各種可能的無限樂趣吧！

[餐具]

茶杯、蕎麥麵沾醬碗（猪口）、
玻璃杯或馬克杯等，
任何餐具都能利用。

擬石蓮花屬「特玉蓮」

風車草屬「朧月」　回歡草屬「吹雪之松」

[貝殼]

用大片的貝殼製作組合盆栽。小貝殼用來
種植幼苗也非常可愛。

生長草屬「約瑟夫夫人」和「海姆里克」

[有洞的磚塊]

有洞的磚塊可代替盆器使用。
左邊照片的正中間是將砂紙反貼
於磚塊上，增添特色。

虎尾蘭屬「扇狀虎尾蘭」

風車草屬「朧月」

[布袋]

也可以試著
將布袋吊起栽種。
（照片中的布袋為
TRANSHIP 的原創商品）

景天屬「虹之玉」

[琺瑯材質的洗臉盆]

充滿復古氛圍的
超人氣琺瑯洗臉盆。
還可以搭配鐵罐組合。

景天屬和瓦松屬「子持蓮華」

[鐵罐]

可直接使用，或是於外圍貼上外國雜誌的封面等，
任憑自由發揮。生鏽的鐵罐也別有風格。

[漂流木]

在海邊撿到的漂流木，
泡在水中去除
鹽分後就能使用。

[鍋子]

生鏽的鍋子也充滿魅力。

青鎖龍屬「青鎖龍」
龍舌蘭屬「之雪」
黃菀屬「翡翠珠簾」

景天屬「春萌」

栽培的訣竅

澆水

原則是「休眠期停止澆水」

澆水的基本守則是「需要的時候再澆水」以及「不需要水的時候停止澆水」。說起來雖然簡單，但是要學會分辨卻需要相當的經驗。

不過若得知植株的生長類型，就能幫助判斷。像是夏型在冬天休眠，冬型則在夏天休眠。休眠中的植株並不會從根部吸收水分，所以澆水便會傷害根系，使植株失去活力。最嚴重還可能造成根部腐壞而枯死。

實際上多肉植物枯死最常見的原因，就是澆水過度造成的根部腐爛。不過多肉終究是植物，在生長期間還是得要確實給予水分。而澆水期間最重要的就是乾濕分明。

尤其是種植於盆栽時，乾燥期間會因盆器大小、盆底洞的大小以及介質而有所差異，每一個盆栽的條件不盡相同。所以應該仔細觀察，並且判斷澆水的時機。澆水時應充分澆至水從缽底流出為止，當盆內的土壤還是濕潤的這段期間，都不需要再次澆水。

種植於地面上時，基本上就是交給天候決定。梅雨季節或颱風等下大雨的時期，有可能會讓植株失去活力。不耐多濕的品種，應栽培於屋簷下等不容易淋到雨的場所。

三種生長類型的澆水建議

夏型	春至夏季可給予充足水分。進入秋天氣溫下降後，應拉長澆水間隔，到了冬天一個月澆一次即可。
冬型	進入梅雨季後應減少澆水量，並放置於通風良好的場所。夏天以每月一次的頻率，在下午或晚上澆水，到了秋天便可慢慢增加澆水次數。
春秋型	由於冬季和盛夏停止生長，所以冬和夏季應減少澆水。雖然也依品種而異，但7～8月幾乎完全不需要澆水，或是每月只需一次即可。

病蟲害

不只有葉片，根部也要仔細確認

雖然和其他植物相較之下，多肉植物的病蟲害較少，不過也並非完全沒有。其中最應該注意的害蟲是根粉介殼蟲。購買苗株時，應盡量挑選葉片健康的植株，換盆定植時養成確認根部狀態的習慣。

應多加注意的病害是會附著於枯葉的灰霉病菌。容易發生在晚秋和早春，因此這時期應時常確認枯葉並立即去除。另外，栽培好幾年的植株易患病毒引起的病毒病。雖然不會枯萎，但是葉片會長出斑點，有損美觀。病毒會經由剪刀感染，所以應經常保持剪刀清潔。

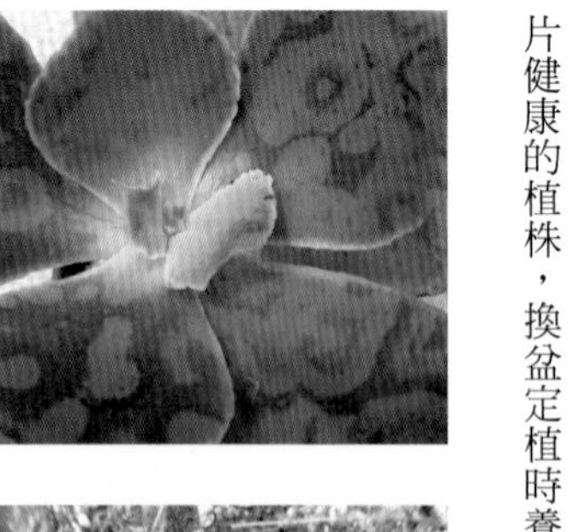

病毒病 遭病毒感染後，特別容易在休眠期出現髒污斑點。

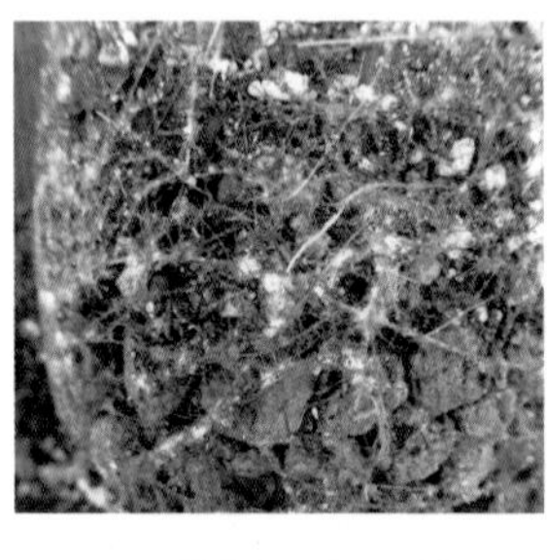

根粉介殼蟲 白色粉末是根粉介殼蟲的糞便。若發現後應剝除土壤清洗根部，再噴灑殺蟲劑。

雪蟲（綿蟲） 長度約1～1.5㎜的橢圓形蟲，會製造白色的綿狀物質產卵。可噴灑殺蟲劑，或是用酒精擦拭。

葉蟎 附著在葉片柔軟部分後，會使葉片呈現灰色。可灑上消除葉蟎的專用藥劑。

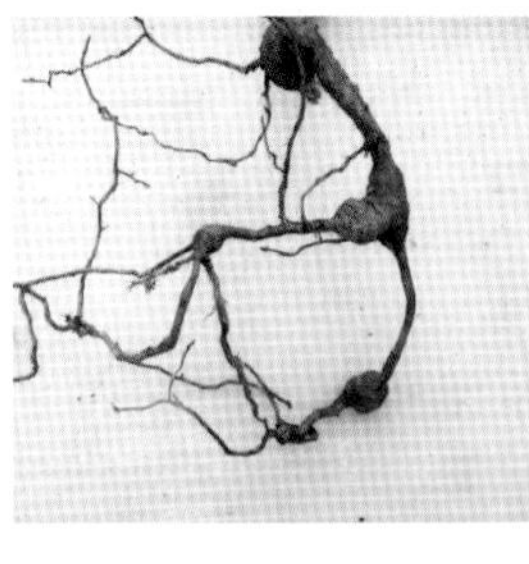

根瘤線蟲 附著在根部的寄生蟲，吸取植物的養分。發現後應切除並丟棄長瘤的根。

曬傷 葉片曬傷呈現褐色狀態。一旦曬傷後就無法復原。

種植於地面的注意事項

別擔心枯萎，不斷嘗試錯誤

雖然是老話重提，由於日本列島呈現南北狹長，因此氣象條件會根據地區而有所不同。因此將多肉植物栽培於地面時，除了應事先調查品種特性之外，也建議以「就算不小心枯萎了也沒輒」這種態度多方嘗試。

所種植的品種若適合此環境便能健康生長，並且逐漸增生茁壯。種到枯萎則代表不適合此環境，因此建議放棄。避開由環境淘汰的品種，不斷嘗試其他品種也是方法之一。

促進排水和通風

多肉植物不喜愛悶熱，因此盡量種植在通風良好的場所。此外日照也非常重要，至少也要提供半日照的栽培環境。

多肉植物喜愛排水良好的場所，排水條件較差時應更換土壤等，進行土壤改良。另外也可將「栽培空間」加高等，改善排水問題。

從梅雨期至整個夏天都處於高溫多濕的狀態，可將周圍的宿根草花或灌木修剪，以避免悶熱。另外景天屬等若枝條過於茂盛，也會因為悶熱而讓葉子枯萎，所以也應進行修剪。

玄關入口通道的踏腳石邊緣，種植了景天屬「三色葉」和「斑葉佛甲草」。由於陽光充足排水良好，因此生長茂盛。

更新換土

進行數年一次的更新換土

種植在盆栽中時，若放任生長數年易引起盤根問題，讓活力減弱，所以需要更新換土。雖然生長速度也會因植物而不同，無法一概而論，但是較小型的品種約為1～2年，較大型的品種大約為3年。若長出子株時，可在換土的同時進行分株。有些品種可放任生長4～5年，欣賞其不可思議的型態。

若種植在地面增生到擁擠狀態時，可將植株挖起，同時進行換土和分株。

在生長期之前換土

進入生長期之前是換土的最佳時機，像夏型就是在春天、冬型為初秋，而春秋型則是在早春或初秋進行。粗根型和細根型的換土方法也稍有差異。

粗根型在換土時，應避免傷及根系，仔細剝去舊土後立刻種植。

而細根型在換土前一週應停止澆水，讓土壤保持乾燥。根系過長時可先剪去一半～1/3部分後，放置於半日照的場所3～4天，使根系乾燥後再用新土種植。

根部腐壞時的處理方法

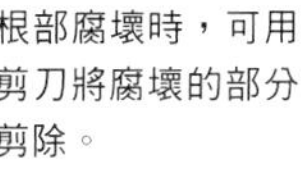

根部腐壞時，可用剪刀將腐壞的部分剪除。

放置2～3天使其乾燥後，放入空的容器中乾燥，待發根後再重新用土種植。

享受繁殖的樂趣

繁殖簡單的魅力之處

多肉植物的魅力之一，就是能夠簡單繁殖。能從一片葉子長出新的植株，或是將幼苗剝下放在土上就能長出獨立植株。

較具有代表性的繁殖方法，有從原有植株剪下插穗繁殖的扦插法，以及由葉子長成植株的葉插法。另外也可以將長出的子株進行分株繁殖。

進行扦插或葉插繁殖時，應盡量從健康的植株取下葉子或插穗。母親若健康，小孩也能茁壯成長。

生長茂盛到缽盆快要容納不下的生長草屬。枝條往盆外延伸，前端連接著子株。

[藉由扦插繁殖]

從原有植株取下插穗的繁殖方法。訣竅在於健康的插穗剪下後不立即扦插，應放置於陰涼處 2 ～ 3 週使其乾燥。如此一來便能促進發根和生長。當新的根長出後就可以種植。徒長的多肉植物也能藉由剪下插穗，以恢復美麗的外觀。

重點在這裡 剪下的插穗不要立刻種植，應放置 2 ～ 3 週使其乾燥，等待發根

種植的順序

1 枝條徒長的風車草屬「初戀」。

2 用乾淨的剪刀，將生長茁壯的枝條剪下。

3 放入空罐中，並放置於日陰處保管直到長根為止。

4 經過 2 ～ 3 週後，會像照片般長出根。

5 種植於盆缽內。

種植完成

「初戀」

擬石蓮花屬「渚之夢」葉插繁殖的樣子。從基部長出可愛的幼芽。

[藉由葉插繁殖]

一次能培育出大量幼芽，也是葉插繁殖的優點。同時繁殖好幾種品種時，可插上標籤以免忘記品種名。

葉插是將一片片葉子栽培成植株的方法。只要從原有植株摘下整片葉子，排列於平鋪土壤的容器內即可。偶爾自己掉落的葉子也可以用來葉插。不需要澆水，放置於半日陰處保管，待幼芽冒出後，再用噴霧器等澆水。待原本的葉子凋萎，新芽長至 2 cm左右後，再用鑷子等移至盆器種植。

[藉由分株繁殖]

植株會往橫向延展生長的品種，可藉由分株繁殖。尤其是種植於盆栽中的時候，於盆栽中逐漸增生容易引起根部纏繞。數年一次為植株換土時，也順便進行分株繁殖吧！

在分株時，太小的植株不需要刻意一個個分開，分成數叢種植即可。

重點在這裡 帶有根部的幼苗可以直接栽種

種植的順序

1 將佈滿盆栽的景天屬「信東尼」分株。

2 從盆器取出後的樣子。根系沿著盆器生長。

3 用手將子株剝下，小心不要傷及根部。

4 無法完整取下的子株，可用剪刀從莖部剪下。

5 用手完整剝下的幼苗由於切口較小，不需乾燥可直接栽種。栽種時一定要記得立上品種標示。

6 用剪刀剪下的苗株可放入玻璃瓶等容器中，待根長出後再栽種。

種植完成

「信東尼」

將插穗種植在蛋殼中

將扦插長根的小苗，
試著栽種於蛋殼中。
排成一整列也許更有趣。

左：擬石蓮花屬「古紫」
右：青鎖龍屬「赤鬼城」

裝飾出獨具特色的繁殖小苗

藉由製冰器打造出可愛氛圍

將分株後的景天屬和
扦插繁殖的小苗，
放入製冰器栽培中。
長大一點後還能
利用成組合盆栽。
培育過程也充滿樂趣。

景天屬「姬星美人」
風車草景天雜交屬「秋麗」

製作成小巧的組合盆栽 

小小幼苗製作成的組合盆栽可愛到極點。
根據所使用的容器，也會改變整體氛圍。
左圖為仙人掌諮詢室的原創素燒盆。
下圖則是將空罐再利用成盆缽。

風車草屬「姬朧月」
「緋牡丹錦」（仙人掌）
風車草景天雜交屬「秋麗」
擬石蓮花屬「古紫」
景天屬「大張旗鼓」
風車草屬「朧月」

中間內側：蓮花掌屬「黑法師」
右：景天屬「黃麗」
中間前方：景天屬「虹之玉」
左：蓮花掌屬「紅緣蓮花掌」

用有裂孔的紅磚種植

將有裂孔的紅磚用水性油漆上色，
當作盆缽再利用。
可以塗得隨性一點。
簡單又擁有原創性的盆缽，
非常適合搭配小巧的多肉苗。

後方：景天屬「粉雪」
前方：風車草景天雜交屬「秋麗」、景天屬「大唐米」

迷你尺寸的
可愛造型

充分運用小苗的可愛感，製作成組合盆栽。
在照顧植物時不小心折斷的幼芽也別丟掉，
適當處理使其發根後，
便能享受各式各樣的栽培樂趣。

裝飾出獨具特色的
繁殖小苗

Part 3
來打造 多肉植物花園吧！

打造多肉植物花園的注意事項

首先要嘗試是否適合此環境

「這個品種不知道能不能栽種於地面？」如果為此擔心的人，建議就先栽培看看。也許其中會有不適合家中土地的品種，而適合的品種則是會生長茂盛。和盆栽不同的是，種植於地面還能欣賞植株逐漸茁壯延展的樣貌。

栽培於庭院時，也應同時考量到和其他植物的適合度。像是和很快就生長茂盛的宿根性植物一起種植，較小的多肉植物可能會因為失去陽光而枯萎。喜愛水分的植物，也不宜和多肉植物一起栽培。

日照充足通風良好的場所是最佳選擇

多肉植物喜愛半日照以上的陽光，以及通風和排水良好的場所。太陽的軌跡會隨著季節變換，因此在定植之前，應掌握一整年的日照情況，並且盡量將多肉栽培於能在中午前曬到太陽的位置。不過景天屬的萬年草類等強健的品種，就算是半日陰也沒關係。

對於不耐多濕環境的多肉植物而言，不易淋到雨的屋簷下或陽台，是比較理想的位置。在庭院設置棚架時，就算只有一小部分也好，若加裝擋雨結構便能安心許多。

排水不良時應進行土壤改良等，促進排水後再種植。另外，多肉就算土壤較少也能種植，所以在水泥或磁磚等堅固的地面或陽台，也能DIY製作一個不需要太深的「栽培空間」，試著為多肉打造出小花園。

管理簡單不用費心照顧，也是多肉植物的魅力。應注意的是避免濕氣過重和悶熱。剩下只要放任其生長即可。

為了陽光而彎曲枝條，或是和其他植物奮鬥時，往完全意想不到的方向延伸等，這些充滿生命力的姿態，也是多肉植物的魅力所在。不需要太過於緊張，隨心所欲地享受美麗的多肉花園吧。

種植能共享生長環境的植物

將多肉植物和宿根類植物、灌木等一起栽培時，最重要的就是彼此的生長環境是否類似。盡量選擇耐乾燥，不喜愛多濕環境的植物吧！

活用成地被植物

將景天科及景天屬等強健的數種類混合栽種。各種葉片顏色產生的對比也富有魅力。

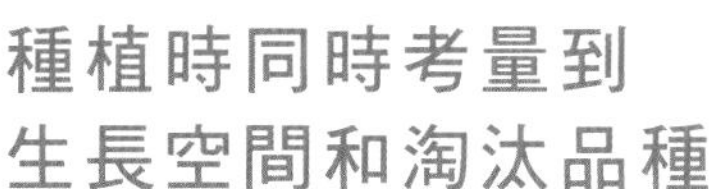

種植時同時考量到生長空間和淘汰品種

只種植多肉植物的「栽培空間」。擔心不適合環境而一次栽培好幾種品種時，同時也要考量到生長茂盛時的空間，栽種時應稍微隔出距離。

盡可能使排水良好

比地面高一些的「栽培空間」，優點在於極佳的排水性能。於底部放入輕石，也盡量避免顆粒太細小的栽培用土，建議選擇排水性能佳的種類。

種植的順序

1 龍舌蘭的根系較深，所以挖掘出深 30 ～ 40 ㎝的植穴。

2 於植穴底部放入碎石，以改善排水。

3 放入草花用培養土，直到覆蓋過碎石為止。

4 將龍舌蘭從盆中取出，剪去枯萎的根系後，稍微將土壤拍落。

LESSON 1

打造宿根植物和多肉植物的花園

以龍舌蘭屬等存在感強烈的大型多肉植物為主角的花園，建議設置在玄關旁等的小空間。地被植物不需要太多，才能更顯主角的出色。放任生長一年也能維持美麗樣貌。

種植場所

預備在已經栽種一棵龍舌蘭的位置，打造一個小小花園

為改善排水，準備了碎石和草花用培養土

土壤改良用土

這次要打造小巧多肉植物花園的場所，是一片什麼都沒有的小空地。目前已經種植著一棵龍舌蘭屬「Albidior」和景天屬「粉雪」，預計在旁邊栽種龍舌蘭屬「Havardiana」，以及周圍栽種宿根花草當作地被植物。

由於此土地原本也是行走空間，土壤非常夯實堅硬，因此種植龍舌蘭的位置需要進行土壤改良。地被植物的根較淺，只需稍微耕土，再於表面加入草花用培養土即可。

挑選作為地被植物的宿根草為筋骨草（Ajuga）。挑選了黃葉、細葉和斑紋這3種類型，避免整體過於單調，深色的葉子也能強調白綠色的龍舌蘭。另外在前方種植顏色明亮的景天屬「松葉佛甲草」當作地被植物，和筋骨草產生對比。栽種完成後，也在周圍配置盆栽，打造出富有立體感的庭院。

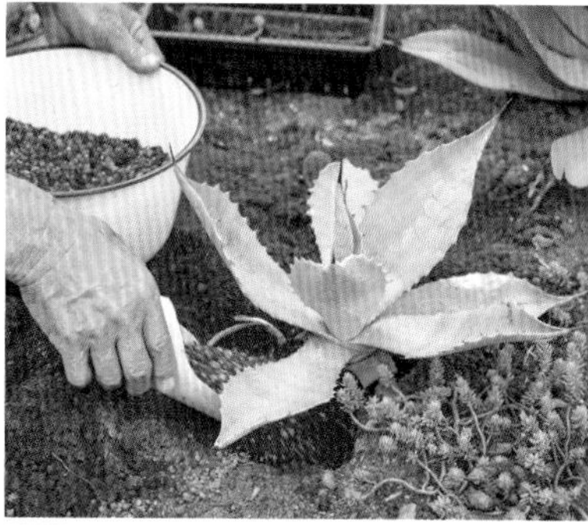

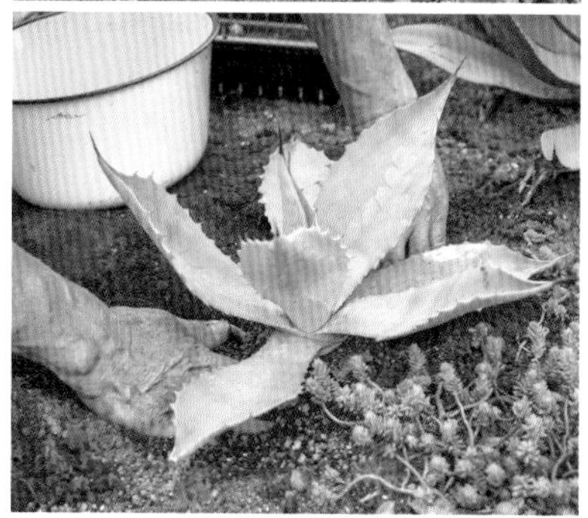

5 若種植得太淺會讓植株不穩定，應確實將根基部埋入土壤內。周圍倒入培養土，最後輕輕按壓植株基部。

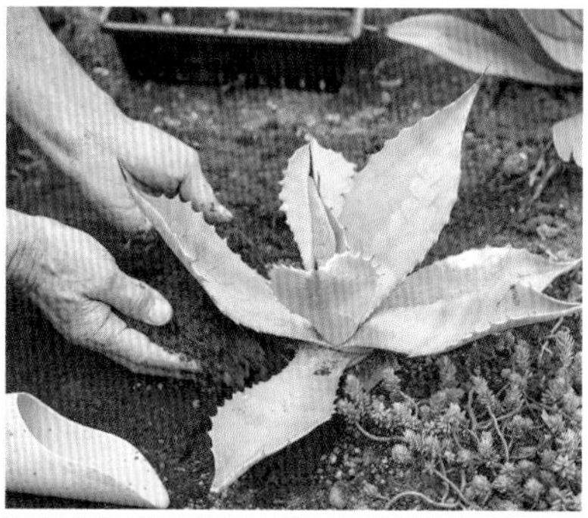

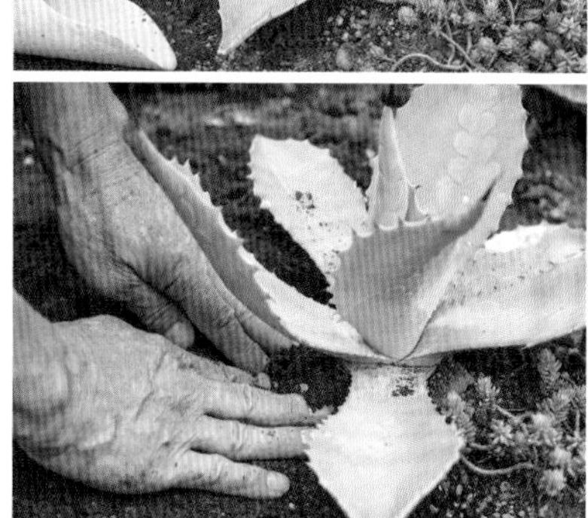

6 凹陷部分填入原本庭院的土壤，再輕輕按壓地面，讓土壤和根部緊密結合。

重點在這裡

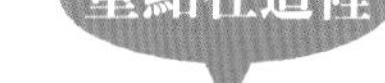

種植完龍舌蘭後，先不需要澆水。
經過 2 週待根系開始適應後，再重新澆水。

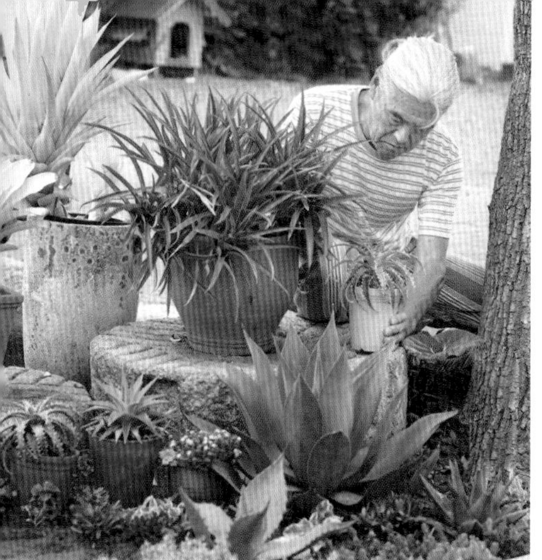

7 於周圍種植筋骨草等，接著放置盆栽裝飾。

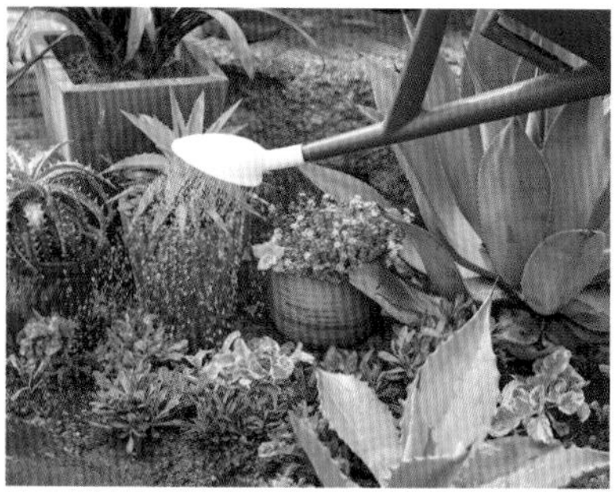

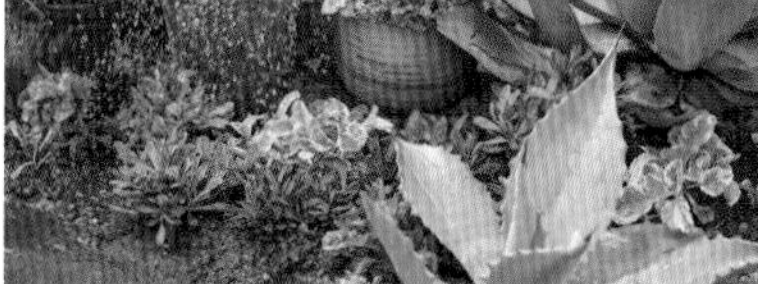

8 避開龍舌蘭的根基部，在種植筋骨草的區域澆水即可。

種植完成

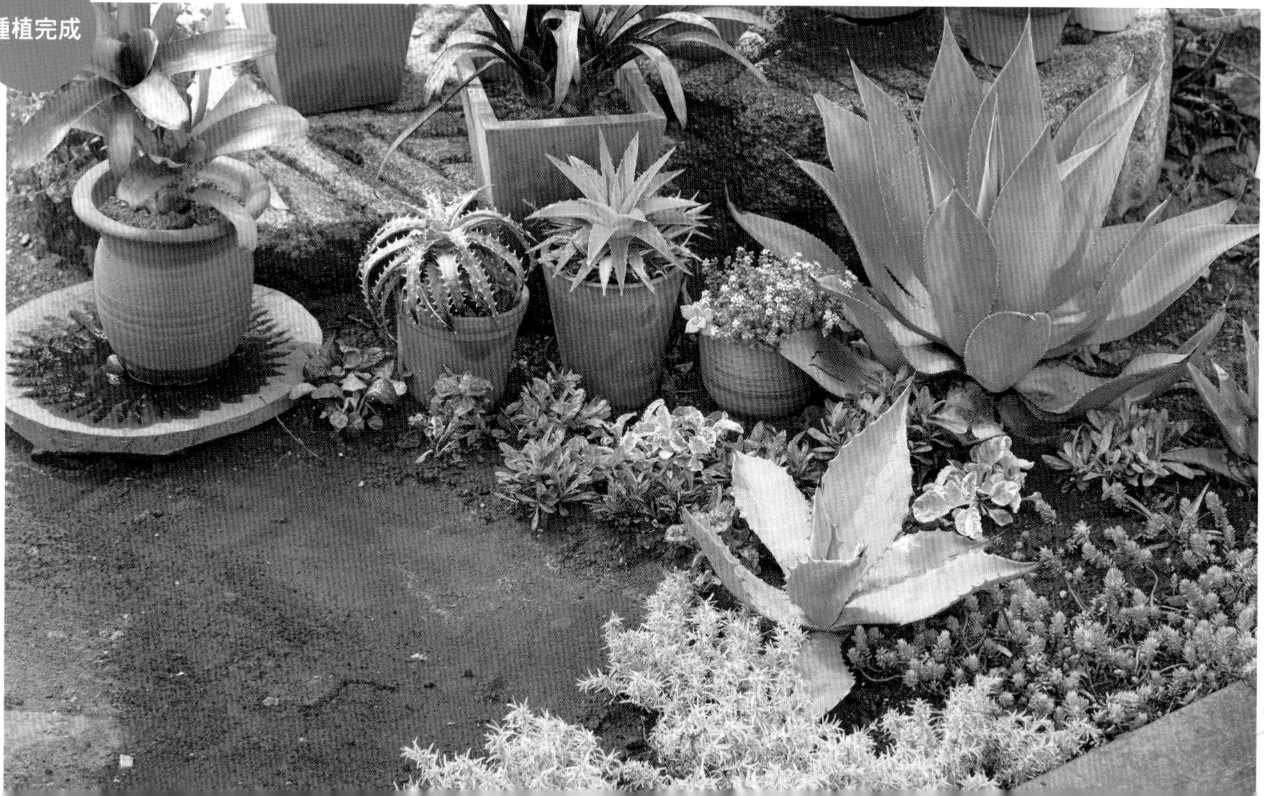

灌木

斑葉日本女貞

半落葉～常綠灌木｜木犀科｜
樹高 50～180 cm

帶有斑紋的小葉片，能讓庭院更顯明亮。種植於排水良好、日照充足的位置，並且適度進行修剪，避免枝條過於茂盛。

花期
1 2 3 4 5 6 7 8 9 10 11 12

葉片觀賞期
1 2 3 4 5 6 7 8 9 10 11 12

薰衣草

半耐寒性常綠灌木｜唇形科｜
樹高 30～60 cm

有好幾種系統，開花期以外的時期也能當作銀葉的觀葉植物欣賞。不耐高溫多濕，因此建議種植在通風良好、日照充足的場所。

花期
1 2 3 4 5 6 7 8 9 10 11 12

葉片觀賞期
1 2 3 4 5 6 7 8 9 10 11 12

帚石楠

常綠灌木｜杜鵑花科｜
樹高 20～80 cm

類似歐石楠的植物，植株呈現整齊的叢狀。有白、粉紅和黃色等花色，也有秋天葉片轉紅的品種。較不耐夏季的高溫多濕。

花期
1 2 3 4 5 6 7 8 9 10 11 12

迷迭香

常綠灌木｜唇形科｜
樹高 30～150 cm

經常應用於肉類料理的香草植物。喜愛日照充足、偏乾燥的環境。不耐悶熱，可在梅雨季前進行修剪。

花期
1 2 3 4 5 6 7 8 9 10 11 12

葉片觀賞期
1 2 3 4 5 6 7 8 9 10 11 12

地被植物

筋骨草

耐寒性宿根草本植物｜唇形科｜
植株高度 10～20 cm

有黃葉、細葉、斑葉品種，日陰處也能生長良好，會不斷擴展生長。到了春天會開整片紫色的花，非常美麗。

花期
1 2 3 4 5 6 7 8 9 10 11 12

葉片觀賞期
1 2 3 4 5 6 7 8 9 10 11 12

百里香

耐寒性常綠灌木｜唇形科｜
植株高度 3～40 cm

散發清爽香氣，也是很受歡迎的香草類。有斑葉及黃葉緣等葉片顏色豐富，白色或淡粉色的小花也非常可愛。

花期
1 2 3 4 5 6 7 8 9 10 11 12

葉片觀賞期
1 2 3 4 5 6 7 8 9 10 11 12

活血丹

常綠多年生草本植物｜唇形科｜
植株高度 15～30 cm

擁有亮綠色到斑葉等各種葉片。健壯而且莖部會不斷延伸增長。生長過於茂盛時，可適度修剪避免過於悶熱。

花期
1 2 3 4 5 6 7 8 9 10 11 12

葉片觀賞期
1 2 3 4 5 6 7 8 9 10 11 12

野芝麻（Lamium）

半常綠多年生草本植物｜唇形科｜
植株高度 5～20 cm

有銀葉、黃金葉、斑葉等品種，半日陰也能生長。於春天開的花非常小巧可愛。

花期
1 2 3 4 5 6 7 8 9 10 11 12

葉片觀賞期
1 2 3 4 5 6 7 8 9 10 11 12

為大家介紹適合和多肉植物一起栽種的地被植物及彩葉植物。
在此介紹的植物為通年皆可欣賞、不需費心照料的類型。

彩葉植物

大戟屬

耐寒性宿根草本植物｜大戟科｜
植株高度 30 ～ 100 cm

特徵是存在感強烈的外型。有銀葉、黃葉等各式種類。富有個性的花苞觀賞期長。不耐高溫多濕，喜愛乾燥環境。

花期
①②③④⑤⑥⑦⑧⑨⑩⑪⑫
葉片觀賞期
①②③④⑤⑥⑦⑧⑨⑩⑪⑫

高節沿階草・黑龍

耐寒性宿根草本植物｜假葉樹亞科（百合科）｜
植株高度 5 ～ 20 cm

細長的葉片形狀和接近黑色的獨特顏色，能為空間增添靜謐感。半日陰環境也能生長。

葉片觀賞期
①②③④⑤⑥⑦⑧⑨⑩⑪⑫

薹草

常綠多年生草本植物｜莎草科｜
植株高度 15 ～ 60 cm

由根基部延伸的纖細葉形非常優雅。葉片顏色也很豐富，還有呈現捲曲狀的品種。植株生長過於茂盛時可進行分株。

葉片觀賞期
①②③④⑤⑥⑦⑧⑨⑩⑪⑫

朝霧草

常綠多年生草本植物｜菊科｜
植株高度 20 ～ 30 cm

別名銀葉菊，和艾草同屬的植物。羽毛狀的纖細葉片為其特徵。品種分成銀葉系和綠葉系。不耐高濕環境，應適當修剪促進通風。

花期
①②③④⑤⑥⑦⑧⑨⑩⑪⑫
葉片觀賞期
①②③④⑤⑥⑦⑧⑨⑩⑪⑫

礬根

耐寒性宿根草本植物｜虎耳草科｜
植株高度 30 ～ 70 cm

又名珊瑚鈴。葉片有萊姆綠、琥珀、斑紋、黃葉、銀葉等豐富顏色。半日陰環境也可生長，於春天開可愛的小花。植株老化莖部往上生長後，可藉由扦插（芽插）更新植株。

花期
①②③④⑤⑥⑦⑧⑨⑩⑪⑫
葉片觀賞期
①②③④⑤⑥⑦⑧⑨⑩⑪⑫

紐西蘭麻

耐寒性宿根草本植物｜萱草科｜植株高度 40 ～ 100 cm

銳利的葉形和顏色充滿魅力。有斑紋或銀葉等，葉片顏色也根據品種而異。枯葉應從根基部去除。

葉片觀賞期 ①②③④⑤⑥⑦⑧⑨⑩⑪⑫

LESSON 2

和仙人掌搭配組合而成的長型花圃

面向圍牆的狹長型空間，
不容易受到霜害影響，非常適合種植多肉植物。
搭配具有高度的仙人掌，呈現出立體感。
不需要特別費心照顧，一整年都能享受綠意盎然。

根據不同葉片顏色和葉形搭配，呈現出強烈對比

這次要打造多肉植物花園的地方，是個面向停車場、寬幅僅有30㎝的細長型空間。是一個以白色磚塊砌成的圍牆為背景，深度非常淺的「栽培空間」。

原本是栽種柱狀仙人掌的場所，因此加以活用，在仙人掌周圍配置多肉植物。若僅有多肉植物會無法呈現出立體感，像這樣和具有高度的仙人掌搭配組合，便能營造出豐富的層次感。

此空間位於群馬縣，冬天氣溫會下降至零度以下，因此也會形成霜柱。所以其中也可能會有無法越過寒冬的品種。第一年先當作試驗，種植了各式各樣的品種。在最初盡量試著種植各類品種，也是打造多肉植物花園的重點之一。

栽種方法的訣竅在於，大型和小型品種的互相搭配。僅栽培小型品種會顯得過於平面單調，無法呈現出層次感。若在中間穿插加入大型品種，便能為整體增添特色。另外，打造出相鄰品種的葉形、顏色對比，也是配置的重點。

重點在這裡

容易生長茂盛的品種周圍應預留空間

主要使用的品種

1 紅覆輪

絨葉景天屬｜春秋型

葉子較大，帶有紅色的邊緣。會盛開可愛的紅花。

2 燈籠草 SP（未命名）

伽藍菜屬｜夏型

在室外淋雨栽種也能生長旺盛。於秋天開花。

3 連城閣

仙人掌科仙人柱屬｜夏型

也就是所謂的柱形仙人掌類，刺棘較少的品種。可欣賞到大朵白花和紅色果實。

4 大瑞蝶

擬石蓮花屬｜春秋型

波浪型的美麗綠葉搭配紅色葉緣的中型種。橘色的花也非常惹人憐愛。

5 鏡獅子

蓮花掌屬｜冬型

無莖部的蓮花掌屬多肉，可成長至大型。較不耐夏天的炎熱，要特別注意。

6 銘月

景天屬｜夏型

比較耐寒的品種。秋天照射到充足陽光時，會呈現出紅色。

7 舞衣

擬石蓮花屬｜春秋型

直徑可多達30㎝的大型種，呈現荷葉邊狀。到了秋天會轉紅。

8 劍葉菊

黃菀屬｜春秋型

原產地為南非。獨特的外型極受歡迎。盡量避免夏日的直射陽光。

9 大瑞蝶

擬石蓮花屬｜春秋型

直徑可超過30㎝的超大型種。特徵是擁有強烈存在感的圓扇形葉片，以及紅色的葉緣。

毫無生機的磚牆在種植仙人掌和多肉植物後，也能營造出綠意盎然的氣息。同時也設置一些組合盆栽的壁掛盆。

在接近邊緣處種植景天屬或垂吊品種，能讓植物覆蓋邊緣般，增添自然感。

此外在種植的時候，也別忘了預留成長增生的空間，配置時避免太過擁擠。

19 白牡丹
擬石蓮花屬｜春秋型
偏白色的葉片尖端帶一點粉紅色。大朵的黃花也極具魅力。

20 三色葉
景天屬｜夏型
圓形的綠色葉子帶有白和黃色葉緣的美麗品種。非常強健好種植。

21 紫羊絨
蓮花掌屬屬｜冬型
周圍帶有紅紫色，中心為綠色的美麗品種。強健而且耐酷暑，繁殖容易。

16 春萌
景天屬｜夏型
萊姆綠的肥厚葉片景天屬。也是耐寒的品種。日照不足容易徒長。

17 旭鶴雜交種
擬石蓮花屬｜春秋型
有如圓扇般的扁平葉片品種，秋天會轉成深粉紅色。

18 十二之卷
十二卷屬｜春秋型
擁有尖細前端的三角形葉子呈現玫瑰花展開狀，葉片帶有白點。

13 象牙團扇
仙人掌科仙人掌屬｜夏型
繁殖力旺盛、種植容易的小型仙人掌。

14 姬吹上
龍舌蘭屬｜夏型
細長的葉片呈蓮座狀展開，有如小巧的刺蝟般。

15 姬朧月
風車草屬｜夏型
雖然通年帶有紅色，不過到了冬天會轉為更深的青銅色。

10 粉色襯裙
擬石蓮花屬｜春秋型
葉緣的細緻荷葉邊為其特色。當綠色部分轉紅時也極具魅力。

11 朧月
風車草屬｜夏型
肥厚的葉片極受歡迎，而且強健易繁殖。

12 高砂之翁
擬石蓮花屬｜春秋型
特徵是大片的優美波浪狀葉片。秋天的紅葉也非常美麗。

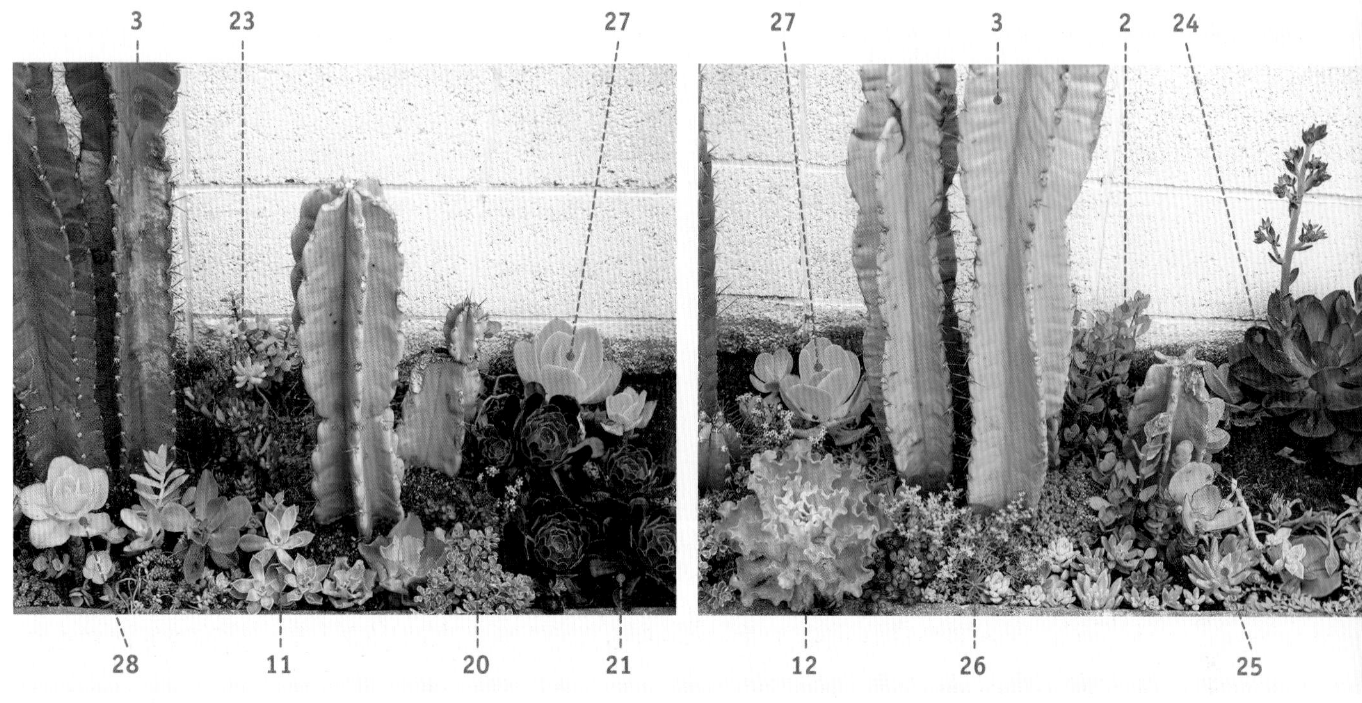

28 碧桃
擬石蓮花屬｜春秋型

渾圓的外觀有如桃子般而得其名。容易徒長，應確實照射充足陽光。

26 斑葉佛甲草
景天屬｜夏型

有如竹葉般的葉形，帶有白色的葉緣。進入秋天葉緣會染成微微的粉紅色。

27 霜之鶴
擬石蓮花屬｜春秋型

強健而且生長快速的品種。較大片的葉子邊緣帶有紅色。

24 茜牡丹雜交種
擬石蓮花屬｜春秋型

整年呈現粉紫～深銅色的品種。伸長的花莖會開橘色的花。

25 秋麗
風車草景天雜交屬｜夏型

肥厚的粉色葉片為其特徵。葉插也能簡單繁殖。

22 五色萬代
龍舌蘭屬｜夏型

葉片帶有白色及黃色美麗條紋的中型種。冬天要避免霜害。

23 乙女心
景天屬｜夏型

減少施肥，給予充足日照，葉尖便能染上美麗紅色。

四個月後

在梅雨季來臨前種植，經過了四個月。有些品種生長茂盛，並且陸陸續續開始開花。當作地被植物栽種的景天類，逐漸拓展茁壯。

「旭鶴」的葉片已經轉紅。花莖伸長準備要開花。

「秋麗」和景天類已經生長得非常茂盛。右邊的燈籠草也開花了。

LESSON 3

利用陽台的「栽培空間」

日照充足的陽台，
是最適合栽培多肉植物的場所。
若只種植多肉植物，
就算幾乎放任不管也能健康成長，
不需要費心照料。

在擁有陽台的銀座某大樓的二樓。由於是沒有屋簷的結構，所以會淋到雨，而且平常沒有人手能加以照料，夏季的澆水也會成為問題，因此決定不搭配其他植物，只在這個空間內栽培多肉植物。

應用大樓的陽台空間時，由於需要考量到重量限制，所以重點在於減輕「栽培空間」（架高的植栽空間）的重量。用磚塊等堆起「栽培空間」，鋪上透水布，接著於底部放入輕石、碎保麗龍塊，或是將空盆缽倒過來放等，加高底部。多肉植物用少量土壤便能栽培，活力生長。

1 龍血景天
景天屬｜夏型
深古銅色的葉片非常美麗，會開鮮艷的粉紅色花。適合當作地被植物。

2 吉普賽
擬石蓮花屬｜春秋型
葉片帶有微微的波浪狀，秋天會轉成粉紅色。

3 三色葉
景天屬｜夏型
圓形的綠色葉子由白色環狀包覆，葉緣呈現紅色。非常強健且適合當作地被植物。

4 松葉佛甲草
景天屬｜夏型
葉子為細長型的佛甲草。非常強健且容易增生。

5 舞衣
擬石蓮花屬｜春秋型
擁有豪華荷葉邊的大型種。到了秋天葉尖會轉紅色，漸層的外觀極為美麗。

6 大和錦
擬石蓮花屬｜春秋型
深紫紅色葉片為其特徵。可為花園增添特色。

7 朧月
風車草屬｜夏型
美麗而且栽培容易的人氣品種。葉子為白綠色，天氣變冷時會染上一些粉紅色。

8 旭鶴雜交種
擬石蓮花屬｜春秋型
青綠色的霧面質感非常地美麗，屬於比較大型的品種，秋天會呈現深粉紅色。

9 佛列德・艾福斯
厚葉景天擬石蓮雜交屬｜春秋型
尖形的葉尖，以及綠至紫色的漸層為其特徵。屬於會長成大型的品種。

10 霜之鶴
擬石蓮花屬｜春秋型
雖然是直徑約 20 cm的中型種，不過展開的葉子極具份量感。亮綠色的葉片，到了低溫期會帶有粉紅色。

11 銀武源
擬石蓮花屬｜春秋型
平常是明亮的青綠色，到了秋天會轉為黃色。強健而且容易增生。

12 回首美人
厚葉景天擬石蓮雜交屬｜春秋型
稍微帶一點粉紅色。肥厚的葉片是魅力所在。

13 初戀
風車草擬石蓮雜交屬｜春秋型
葉片肥厚，稍微帶一些粉紅色的中型種。強健而且容易增生。

14 岩蓮華
瓦松屬｜夏型
日本原生的可愛螺旋狀品種，容易增生子株。

15 昭和
瓦松屬｜夏型
原生於日本及東亞的細長形葉片品種。非常強健而容易增生。

16 紅覆輪
絨葉景天屬｜春秋型
隨著植株成長，莖部會呈現木質狀，伸展的莖部則展開大片葉子。會開大朵、呈現吊鐘狀且為深鮭魚色的花。

種植場所

在東京市區大樓內的陽台設置「栽培空間」。
於花壇內放入草花用培養土
和 1/3 的赤玉土。

種植的順序

1 放入帶盆的植株，思考如何配置。像是在前方或兩邊放置景天類等，配置匐匍生長類型的品種。

2 植株配置完成的樣子。有如聳立大樓中的小小綠洲般。由於沒有人手照顧，因此在無人管理的條件下，澆水就交給天氣。

3 將苗株從盆中取出，如果根系呈現盤繞狀態時，可稍微鬆開底部的土壤。以此狀態微調位置的同時，將苗株放置於土壤上。

4 將盆中取出的苗株放置於土壤上後，於空隙填入用土。圓筒鏟土器更方便作業。

5 於表面鋪上約 2 cm的赤玉土（小顆粒），可避免下雨時淤泥濺起。另外，由於表面不容易積水，因此可種植景天類等高度較低的品種以防止悶熱。

重點在這裡

最初也要考量到淘汰的可能性，因此可多種一些品種。

在雨天種植完成。考量到相鄰品種間的葉色和葉形對比之外，也在面向道路側和中間種植較大型的品種，內側和兩邊則種植匍匐性的品種。

三個月後

種植後的三個月期間，歷經多濕的梅雨季和沒人澆水的夏季，花園呈現於完全放任生長的狀態。到了秋天也能如此充滿活力。因為「初戀」生長過於茂盛，所以會遮擋「昭和」和「岩蓮華」的陽光，而使生長勢稍弱。「松葉佛甲草」也逐漸增生。呈現出帶點野生氣息的活力姿態。

LESSON 4

用景天屬裝飾庭院用的工具小屋

只要下一點工夫和巧思，就能使庭院用的工具小屋變身為有趣的綠意空間。根據盆栽的放法，還能打造出各式各樣的造型。

在庭院用的工具小屋上，以均等間隔裝上金屬部件，接著再拉上鐵絲。最後放上種植景天類多肉的3號塑膠盆（直徑約9㎝），裝飾牆面。景天類強健好種植，像這樣直接用盆栽放入格子中，也能健康生長。

可根據相異的葉形和葉色，排列出各式各樣不同的造型，因此就像是畫圖般自由揮灑創意。偶爾改變盆栽位置更換圖案，整個氛圍也會有所不同。你也試著找看看可以像這樣玩賞多肉的牆面空間吧！

呈現出置物架的狀態，所以可以像這樣輕鬆放入塑膠盆。

還沒放入盆栽的狀態。牆面已拉出均等的鐵線。

根據盆栽的排列方法，打造出各式各樣的圖案。
可使用相同色系的景天類，或是將濃淡色相互混合。
只要使相鄰品種擁有不同顏色或葉片形狀，便能營造出立體豐富的氛圍。

偶爾站在遠一點的位置觀看，
確認整體的形狀。

構想完成的樣子，思考的同時排列放置。
也可以先畫出圖面。

完成心形的牆面裝飾

多肉植物寫真館

再靠近一點觀察！

多肉植物的魅力之一，就是其有趣的外型和質感。
再靠近一點仔細觀察，也許會有全新的發現！

由**正上方**欣賞多肉植物也很有趣！
上：蓮花掌屬「黑法師」，
下：風車草屬「朧月」

有如**魚卵**般的外型，
也有像是**袖珍玫瑰**的多肉。
雖然以「多肉植物」概之，
卻像擁有多變型態的景天屬
「春萌」和「龍血景天」

因外型而得此名**「劍葉菊」**。
原生於非洲的多肉植物

奇妙的外型，
仙人掌也不遑多讓。
令人想一探
植物的奇妙之處

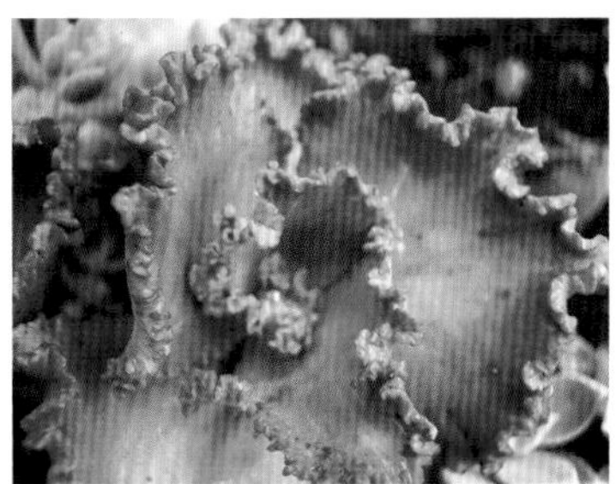

為什麼有這種**波浪狀的荷葉邊**呢？
有如海中生物般，擁有奇妙外型的
擬石蓮花屬「舞衣」和「高砂之翁」

青鎖龍屬
「方塔」
擁有名符其實的獨特外型。
如此層層重疊的葉片，
會讓人忍不住一直盯著看

寒冷地區的過冬技巧

就算是寒冷地區，也能透過栽培技巧於屋外培育多肉植物。由成功在山形縣酒田市讓多肉植物過冬的畠山秀樹（Lotus Garden）為我們講解栽培的技巧。

藉由防雪套讓龍舌蘭過冬

一般而言多肉植物不耐嚴寒，在日本關東以西地區，也有許多無法過冬的品種，不過畠山先生卻在山形縣酒田市的室外栽種多肉植物。面向日本海的酒田市，冬天的季節風非常強，而且嚴寒期氣溫甚至低至-4℃，積雪也有約30 cm之多。在這樣的環境下，只要選擇適合的品種，並且實施過冬的防寒措施，在屋外也能成功栽培健康的多肉植物。

種植於大型盆栽中的龍舌蘭屬「美洲龍舌蘭」在11～2月之間，會用溫室用的塑膠布包起來使其過冬。栽培龍舌蘭的容器，最初經歷過素燒盆或陶器等幾次失敗，最後是將義大利製的塑膠盆打洞栽培，終於過冬成功。目前已經持續生長超過12年。

由於根系無法充分生長，所以生長狀況和地面種植相較之下較差，不過塑膠盆器的優點在於就算凍結，也不會因為膨脹而破裂。另外就是根系和地面有一段距離，所以不用擔心土壤凍結或雪造成的根部腐壞。用塑膠布包覆可避免淋到雪，所以能確實斷水，使植株休眠。

將藍葉系的「美洲龍舌蘭」大型盆栽，放置於庭院的重點處。盆栽下方藉由岩石、河砂，以及義大利製的球形裝飾品打造出植栽空間，並種植生長草屬多肉。

群生的生長草屬多肉

屋簷下能避免風雪的摧殘

在屋簷下設置枕木和較大塊的石頭，並於其間種植生長草屬多肉。如此一來不僅能營造出具有特色的風景，枕木和石頭也能守護植物，避免受到冬季強風的影響。這個方法就算積雪30 cm以上，植物在隔年春天也能展露活力之姿。

充分利用屋簷下寬幅僅有 20 cm的空間。

從正上方往下俯視的奇妙氛圍。石頭非常適合搭配生長草屬多肉。

橫看就可看出石頭和枕木保護多肉的樣子。

塑膠布防雪套的包法

將受損的葉片由基部切除。

切下的葉片。

包覆塑膠布前的準備完成。

先將塑膠布的最前端，用膠帶固定於盆器側面。

以不易積雪的螺旋狀包覆。

想像霜淇淋的形狀，用膠帶固定並確實包覆。

重點在於最後的開口要往下。

防雪套包覆完成

雪國也能健康栽種的多肉植物

轉紅葉的生長草屬SP（未命名）。隨著氣溫變化的色調非常美麗。

就算覆上白雪也能活力生長的生長草屬多肉。用河砂也能栽培，下雪的環境仍能存活，每數年便會群生繁殖。

★要注意日陰處枯葉造成的悶熱。

擁有美麗綠色葉片的品種龍舌蘭「屈原的舞扇」，適合種植於冬天以外的室外。

★冬天應移至室內照顧。

龍舌蘭屬「黃邊龍舌蘭」除了冬天以外都可以栽培於室外。

★從室內移動至室外時，應注意直射陽光造成的曬傷。

還可以這樣玩

深色葉片品種和鮮豔葉片、不同葉形等混合栽植，打造出鮮明的對比。栽種於引擎蓋的品種有擬石蓮花屬「東雲」、「雨滴」，蓮花掌屬「紫羊絨」、「三色葉」等。

復古「金龜車」變身成多肉植物展示品！

在群馬縣的仙人掌諮詢室入口，有一台吸睛的福斯金龜車。將引擎部分挖空，用來當作多肉植物的栽培箱。以較大型的品種居多，甚是壯觀。由於是帶盆放置，因此可根據不同季節變換品種等，自由玩賞。

創意滿點，自由發想令人驚艷。

Part 4
發揮多肉植物特色的園藝技巧

學會組合盆栽和花圈

製作組合盆栽・花圈
若松則子

組合盆栽、花圈及吊盆等，能為庭院或陽台帶來華麗繽紛的氛圍。尤其能當作小巧庭院中，吸引視線的焦點所在，是營造風景的重點。

多肉植物的組合盆栽或花圈等，不需要特別費心管理，一旦製作完成後，就能長期維持美麗的樣貌。可以用較大的組合盆栽，或是栽植各式品種的豪華花圈等，當作小巧庭院及陽台空間的主角。而小巧的組合盆栽，則是能充分展現出多肉植物的可愛氣氛。

Technique 1

為庭院增添特色

只要在小空間放置組合盆栽，就能完全改變整體氛圍。
裝飾存在感強烈的大型組合盆栽或花圈架，成為空間中的主角。
小型的盆栽可增添可愛的氛圍。而將好幾個盆栽搭配組合，
就算是幾乎沒有土壤的場所，也能營造出「小小庭院」的氣氛。

1 蓮花掌屬「艷姿」
2 伽藍菜屬「朱蓮」
3 青鎖龍屬「黃金花月」
4 風車草景天雜交屬「秋麗」
5 擬石蓮花屬「紅司」
6 伽藍菜屬「月兔耳」

於玄關旁設置存在感強烈的組合盆栽

在英國品牌Whichford的大型盆缽中，栽種了華麗的多肉植物組合。以擁有高度的蓮花掌屬「艷姿」為主角，搭配毛茸茸的「月兔耳」，呈現出質感和色彩的對比。玄關旁不容易淋到雨，所以管理也非常輕鬆。

CREAM CHEESE
PARIS
JARDIN
FONDÉE EN

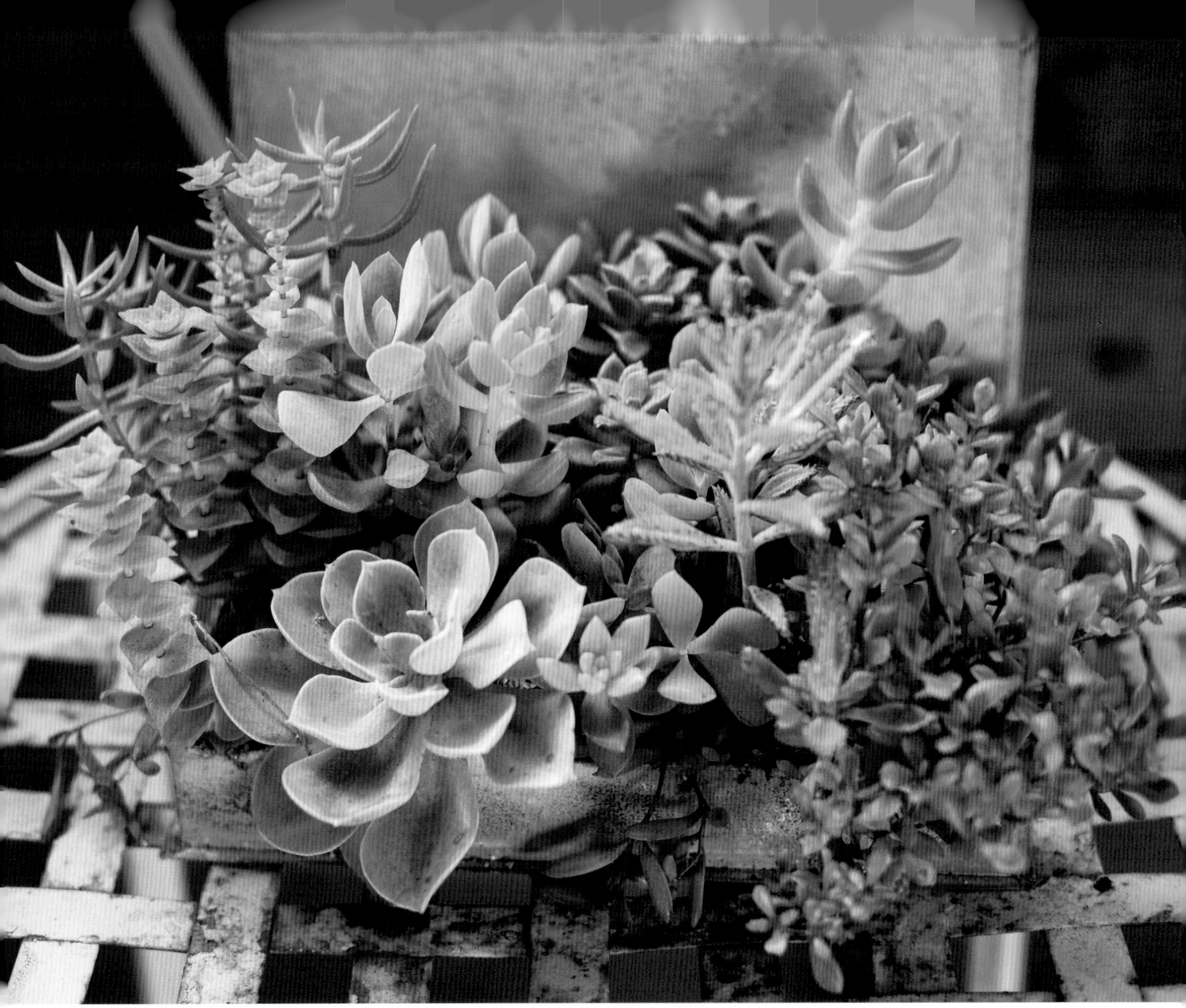

馬口鐵的附蓋鐵盒

保持在打開蓋子的狀態，就有如正在展示珍貴的寶物般。種植時可事先用釘子和鐵鎚在底部打洞。

1 擬石蓮花屬「紐倫堡珍珠」
2 景天屬「黃麗」
3 青鎖龍屬「紅稚兒」
4 風車草屬「姬瓏月」
5 絨葉景天屬「伍迪」
6 青鎖龍屬「青龍樹」
7 青鎖龍屬「星王子」
8 厚敦菊屬「紫月」

活用容器

能根據容器和裝飾方法打造出各式各樣的風格，
也是多肉植物的魅力所在。
用哪種容器，該如何展示等，
任憑發揮自己的想像力和創造力。

1 伽藍菜屬「月兔耳」
2 青鎖龍屬「筒葉花月」
3 青鎖龍屬「火祭」
4 景天屬「逆弁慶草」

復古風格的水壺

直接放置於棚架上便能充滿氣氛的復古風格水壺。代替盆缽使用，並放置於陽台或庭院的棚架上，就能夠為空間增添特色。照片中是選擇了和水壺相同色系的品種，挑選紫葉等對比色系搭配也獨具個性。

1 擬石蓮花屬「紐倫堡珍珠」
2 風車草屬「初戀」
3 景天屬「逆弁慶草」
4 擬石蓮花屬「錦之司」
5 擬石蓮花屬「斯特羅尼菲拉」

廚房用品是創意的寶庫

有許多廚房用品也可以當作多肉植物的栽培容器。像是老舊的鍋子也能如此變身。由於是較深的鍋子，因此藉由搭配葉片較大的品種取得平衡。因為底部沒有開孔，所以在種植的時候建議放入珪酸鹽白土（MillionA 等），避免根部腐爛。

Technique 3

簡單DIY增添個性

將市售品或日常生活中的物品稍微加工一下，
就能呈現出個性獨具的多肉植物。
思考創意發揮巧思，也是充滿樂趣的時間。
用孩提時代的勞作心情，嘗試各種挑戰吧！

1 僅有青鎖龍屬「火祭」

讓油漆順流而下的生鏽鐵罐

將較大的空罐放置屋外淋雨，使其生鏽至恰到好處的色調時，於邊緣塗上油漆任其流下。多肉植物能呈現出俐落的氛圍，因此很適合搭配雜貨及復古小物。

將木製畫框稍微加工

只是將市售的木製簡單畫框塗上顏色而已。以帶有白色調的青綠系品種為主，整體呈現出俐落的色調。使用了帶有黏性的培養土「Nelsol」，因此直立吊掛植株也不會掉落。

1 擬石蓮花屬「白牡丹」
2 風車草屬「姬朧月」
3 風車草景天雜交屬「秋麗」
4 厚葉景天擬石蓮雜交屬「霜之朝」
5 景天屬「極光」
6 擬石蓮花屬「錦之司」

稍微破壞鐵罐，營造出老舊風格

將稍大的鐵罐加以破壞，再用油漆上色。接著用其他生鏽的鐵罐，剪貼鐵片於中間，賦予特色。再用鐵絲穿過兩段製作把手，也可以當作吊盆使用。

1 景天屬「銘月」
2 伽藍菜屬「蝴蝶之舞」
3 擬石蓮花屬「斯特羅尼菲拉」
4 景天屬「逆弁慶草」

藉由顏色、質感和葉子形狀的**對比賦予存在感**

多肉植物擁有各式各樣的葉形、質感和葉色。
將性質各異的品種搭配出組合，呈現出對比，
就算只有多肉植物，也能打造出華麗風格的組合盆栽或花圈。
搭配紅葉品種，在秋冬之際還能欣賞奢華饗宴。

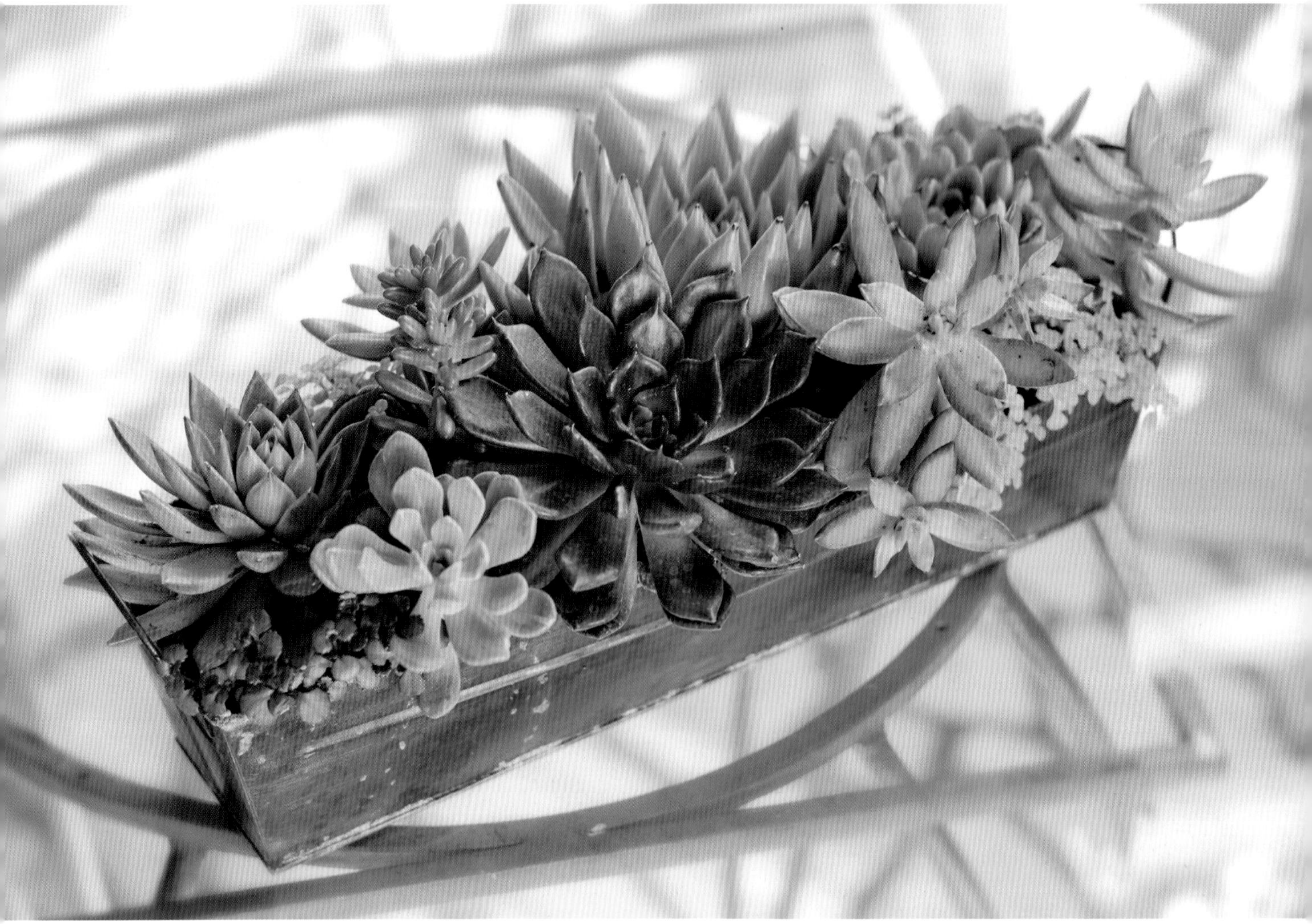

藉由不同葉片顏色的玫瑰花狀品種強調存在感

擬石蓮花屬有許多葉片呈現蓮座狀的品種，從上往下看彷彿就像一朵玫瑰。將顏色相異的品種一起栽種，也能呈現出強烈的存在感。搭配可愛氛圍的「黃金丸葉萬年草」，增添動感。

1 擬石蓮花屬「黑王子」
2 景天屬「銘月」
3 景天屬「黃金丸葉萬年草」
4 擬石蓮花屬「東雲」
5 擬石蓮花屬「立田」

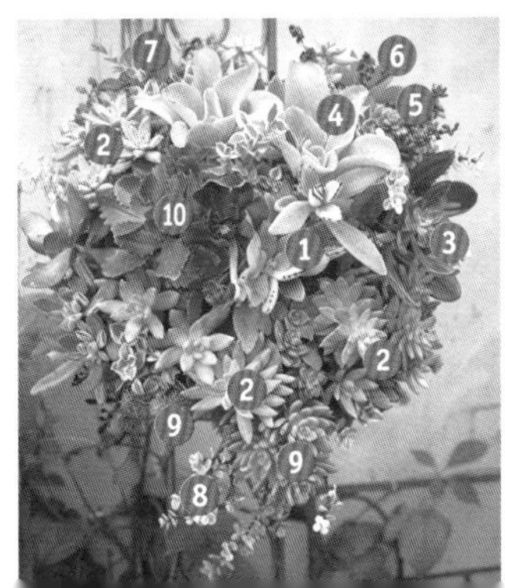

1 伽藍菜屬「月兔耳」 2 風車草景天雜交屬「秋麗」
3 擬石蓮花屬「紅司」 4 擬石蓮花屬「霜之鶴」
5 景天屬「極光」 6 景天屬「龍血景天」
7 擬石蓮花屬「紅晃星」
8 矮玉樹屬「雅樂之舞」
9 景天屬「春萌」 10 伽藍菜屬「朱蓮」

蒐集葉子顏色相異品種的豪華花圈

壯觀且豪華的多肉花圈，是小小空間中的主角。由紫色、黃色、綠色、黃綠色，以及斑紋品種，加上秋季轉紅葉的品種等搭配，呈現出豐富的色彩。顏色對比會隨著氣溫下降而逐漸增強，在寂寥的冬天成為庭院的主角。

1 擬石蓮花屬「白牡丹」
2 絨葉景天屬「天狗之舞」
3 景天屬「春萌」
4 景天擬石蓮雜交屬「玉雪」
5 景天屬「銘月」

Technique 5

用小巧的組合盆栽營造出隨性風

尺寸小巧的組合盆栽或吊盆，
容易和雜貨及小物搭配，
為空間帶來時尚感。
只要在容器上多花一點巧思，
便能成為空間中的特色。
除了盆缽之外，也可以充分利用
餐具或鐵籠等身邊的物品。

藉由咖啡歐蕾杯或布丁杯呈現出可愛感

利用能融入空間的餐具種植組合盆栽。白色的器皿非常適合搭配清爽氣息的淡綠色多肉植物。使用底部沒有洞的器皿時，可放入珪酸鹽白土（MillionA 等）以防止根部腐爛。

利用明亮的綠色營造清爽氛圍

在小木箱中合植亮綠～青綠色系的品種。白邊和萊姆綠的萬年草帶來輕盈的動感。「秋麗」到了秋天會染上粉紅色，又能享受不同的氛圍。

1 風車草景天雜交屬「秋麗」
2 景天屬「丸葉萬年草白覆輪」
3 絨葉景天屬「熊童子」

隨風搖曳的圓形吊盆

在圓形容器上打洞，栽種的同時層層重疊出球狀的吊盆。搭配萊姆綠的「丸葉萬年草」，呈現出明亮的氛圍。吊掛於樹枝上，任其隨風搖曳。

1 景天屬「丸葉萬年草」
2 風車草景天雜交屬「秋麗」
3 厚敦菊屬「紫月」
4 景天屬「玉綴」
5 景天屬「龍血景天」

利用附蓋子的小鐵籠

在附有蓋子的小鐵籠內鋪上一層紙，再利用水苔種植。為搭配纖細的鐵籠，選擇了垂吊性的「紫月」，以及呈現出有趣型態的「星王子」等，營造出動感。

1 青鎖龍屬「星王子」
2 伽藍菜屬「蝴蝶之舞」
3 青鎖龍屬「火祭」
4 厚敦菊屬「紫月」

Technique 6 用盆栽打造小小世界

將形態獨樹一格的多肉植物，和盆器或小物搭配組合，
展現出「自我概念」以超越花園的框架。
就像是擁有生命力的藝術品般。透過自由發揮的想像力，享受栽培樂趣吧！

1 絨葉景天屬「銀波錦」
2 青鎖龍屬「青鎖竜」
3 景天屬「黃麗」
4 「夢幻城」〈仙人掌〉
5 天景章屬「天景章」

品味型態之美

絨葉景天屬「銀波錦」的波浪狀扇形美麗葉片，和枝條的伸展方式也能自成一格。於盆缽內放置打洞並且栽種小型多肉植物的紅磚，再放上迷你模型，打造出風格獨具的小小世界。

表現出村落的山中風景

用仙人寶和小型的玉簪類，組合成空中的小庭園。苔蘚也能增添一抹風情。仙人寶會開可愛的粉色花，到了秋天葉片還會轉紅。

1 玉簪屬「系覆輪乙女」（山野草）
2 苔蘚（會長草的類型）
3 景天屬「日高仙人寶」

Technique 7

營造和風韻味

將仙人寶及昭和等日本原生的多肉植物，
和苔蘚、山野草或蕨類搭配，
便能打造出擁有和風氣息的組合盆栽。
風趣十足的自然派盆栽，
絕對能讓人感受到全新的植物魅力。

風情萬種的迷你苔蘚盆栽

由昭和及苔蘚組合而成的迷你盆栽。
僅有手掌般的大小，卻擁有自然野趣，
令人悠然放鬆。

「昭和」

Technique 8

用花圈為小空間增添華麗感

藉由多肉植物的花圈，
便能在小空間營造出華麗感。
根據品種的組合呈現出豪華或是清新風格，
也能瞬間改變空間的氛圍。
幾乎不需要費心照顧，
一旦製作完成後，
就能夠長期間欣賞其美麗姿態。

1 風車草景天雜交屬「秋麗」
2 擬石蓮花屬「紅晃星」
3 景天屬「日高仙人寶」
4 伽藍菜屬「不死鳥」

也適合聖誕節的典雅之美

彷彿繁星在閃爍般。若搭配仙客來或是紅花的小盆栽，還能當作聖誕季節的裝飾花圈。

1 風車草屬「初戀」
2 擬石蓮花屬「銀晃星」
3 景天屬「松葉佛甲草」
4 風車草景天雜交屬「秋麗」
5 伽藍菜屬「蝴蝶之舞」
6 矮玉樹屬「雅樂之舞」
7 擬石蓮花屬「紅司」

充分活用紫葉，打造出豐富生動的氛圍

紫葉等獨具個性且葉片較大的品種，有如花朵般華麗。藉由相鄰品種的葉色和葉形對比，營造出豐富的華麗感。小巧葉片或針狀葉片的品種，也能增添律動感。

來試著製作多肉植物的組合盆栽吧！

組合盆栽的基本原則，就是盡量不要將夏型種和冬型種混合在一起。若休眠期不同，澆水也會難以管理。想要製作出美麗的組合，訣竅就是選擇葉色或葉形相異的品種，營造出對比感。首先挑選當作主角的品種，接著挑選能襯托主角的其他品種即可。將葉片小巧的景天類當作配角，也能增添輕盈感。刻意使用徒長的苗株，也是打造出律動感的技巧。

●準備的多肉植物

12 擬石蓮花屬「凱特」
13 擬石蓮花屬「紐倫堡珍珠」
7 擬石蓮花屬「古紫」
8 風車草景天雜交屬「秋麗」
9 擬石蓮花屬「修米里暗紋黑爪」
10 景天屬「姬星美人」
11 青鎖龍屬「雨心」

●準備的工具

1 盆缽
2 栽培用土
3 圓筒鏟土器
4 赤玉土（小顆粒）
5 鑷子
6 缽底網或盆器碎片

重點在這裡

盡量選擇
生長類型相同的品種

種植的順序

1 根據盆底洞的大小，鋪上素燒盆碎片或缽底網。

2 為促進排水，於底部鋪上約2～3㎝的赤玉土。若盆器較深時，可放入輕石或缽底石。

3 放入適量混合了三成赤玉土的草花用培養土。

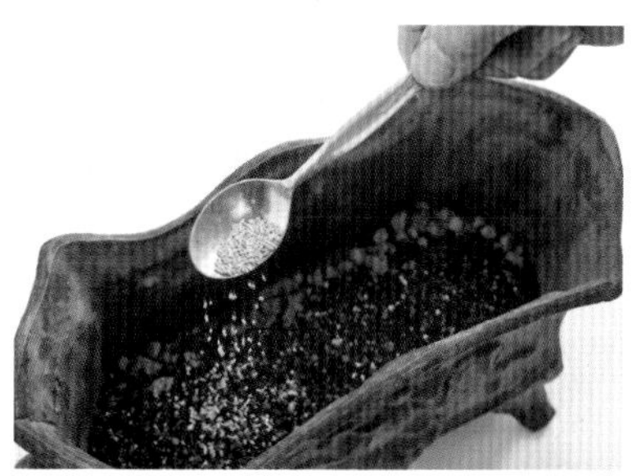

4 為防止害蟲，加入少量殺蟲劑比較安心。這次使用的是顆粒狀的Akutara※。

5 首先種植最大的主角苗株。從塑膠盆取出苗株時，可輕敲盆身以鬆開土壤。

6 將根系稍微撥鬆，去除一半量的舊土。特別是盡量去除中間部分的土壤。這時候可仔細確認根部是否有根粉介殼蟲等蟲害。若出現根瘤時，代表有可能附著線蟲，應確實去除乾淨。

7 使用圓筒鏟土器放入土壤，方便配合其他苗株調節高度。

8 種植在最前方的苗株，可稍微使其傾斜。用鑷子夾住苗株的莖部作業，可避免不小心觸碰到葉子而掉落。

9 枝條較長的植株可以稍微傾斜種植，刻意使其沿著邊緣垂下，營造出有趣的動感。

10 於苗株之間放入土壤。

11 要微調角度時，應使用鑷子謹慎作業。栽種完成後先不需要澆水，並放置於一天可照射到數小時陽光的地方2～3週。

製作完成

※Akutara：原文為「アクタラ」。是由日本的種苗資材公司Syngenta所販售的一種殺蟲劑。

試著製作多肉植物的花圈吧！

花圈可以吊掛或是直立放在椅子上裝飾。使用具有黏性的培養土「Nelsol」栽種，就算垂直吊掛也不會讓植物掉落。不過比起只用Nelsol栽培，若於底部放入一般的培養土，能讓根系生長得更好。栽種時使用從植株剪下來的扦插用插穗。先使其乾燥2～3天後再種植。栽種完成後2～3週都不需澆水，並確實照射陽光。

●準備的多肉植物

由許多品種剪下的
扦插用插穗
擬石蓮花屬「白牡丹」
風車草景天雜交屬「秋麗」
景天屬「黃麗」
「龍血景天」等

●準備的工具

1 製作花圈用的容器
2 圓筒鏟土器
3 湯匙
4 鑷子
5 免洗筷
6 植物用培養土
7 Nelsol

重點在這裡

使用具有黏性的
培養土「Nelsol」，
就算垂直吊掛也不會掉落

種植的順序

1 於底部放入 1/3 的培養土。

2 在 Nelsol 中加入水，攪拌均勻直到牽絲為止。

3 放入攪拌好的 Nelsol 到邊緣為止。

4 首先於正面將主要品種插入 Nelsol 中。

5 於旁邊搭配龍血景天，以增添動感。較細小的品種可使用鑷子。

6 將這三種品種當作正面。

7 於正面的兩側插入其他品種，使正面種滿植株。

8 將最初栽種的三種品種，以三角形栽種於其他兩處。

9 陸續插入其他品種，使相鄰的品種呈現出對比感。

製作完成

聰明利用背景和棚架

用木板或棚架放置在相鄰住宅的交界處，
同時當作裝飾多肉植物的場所。
如果重新打造木板時，請絕對也要設置棚架來展示盆栽。

將空調室外機外罩當作棚架

在空調室外機的外罩上方，DIY 製作了展示空間。小格子的棚架方便和雜貨搭配，再加上位於屋簷下不會淋到雨，最適合用來種植多肉植物。

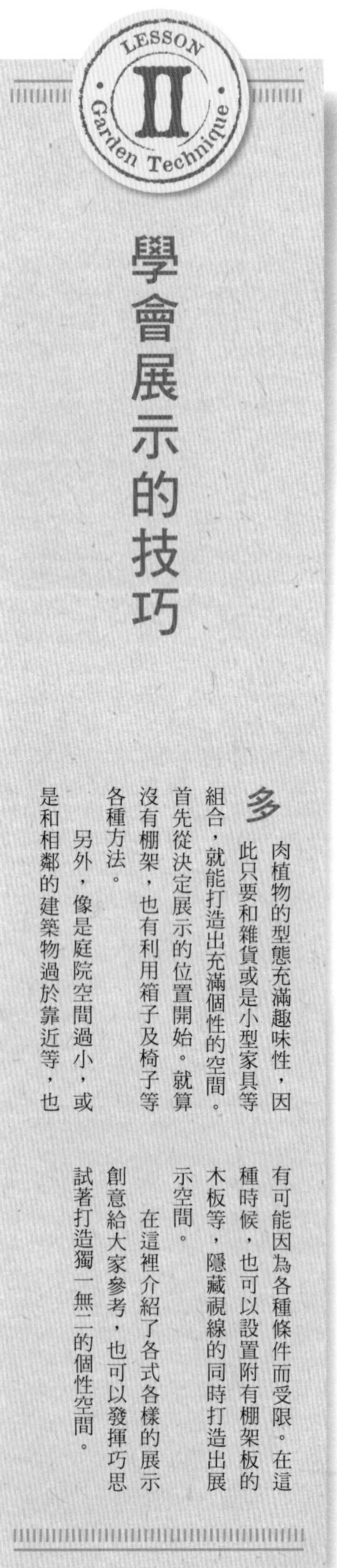

學會展示的技巧

多肉植物的型態充滿趣味性，因此只要和雜貨或是小型家具等組合，就能打造出充滿個性的空間。首先從決定展示的位置開始。就算沒有棚架，也有利用箱子及椅子等各種方法。

另外，像是庭院空間過小，或是和相鄰的建築物過於靠近等，也有可能因為各種條件而受限。在這種時候，也可以設置附有棚架板的木板等，隱藏視線的同時打造出展示空間。

在這裡介紹了各式各樣的展示創意給大家參考，也可以發揮巧思試著打造獨一無二的個性空間。

活用雨水導管
打造出多肉植物空間

將和鄰家交界處設置的木板棚架，打造成植物角落。照片中最前方將雨水導管架起後種植多肉植物，使整體的空間呈現出一致性。

將庭院用的工具小屋或
住宅當作背景

以庭院用的工具小屋或住家的牆面為背景，設置小小的棚架。屋簷可擋雨，是栽培多肉植物的絕佳環境。

藉由箱子或椅子打造出立體感

聰明利用木箱或椅子，就能打造出高度，
為庭院增添特色。
尤其是古董風的椅子，
可為小巧的空間帶來復古氣息。

疊起木箱利用成棚架

將兩個木箱層疊，便能當作棚架使用。背部為金屬網，因此通風良好，適合栽種多肉植物。

木箱和空罐的協調性

將舊木箱和空罐組合，為陽台打造出充滿復古魅力的空間。鐵罐建議底部打洞後再使用。

木製露臺下的精選收藏

在木製露臺下方放置木箱，收納小巧的組合盆栽。真是令人佩服的創意。

庭院長椅的焦點

在庭院長椅放上較大型的花圈或組合盆栽，當作空間中的焦點。多肉植物的花圈就算到了冬天也能欣賞葉片，為庭院帶來活力的生機。

纖細的古典椅

將復古風的椅子當作陽台或玄關旁的盆栽置放台。纖細的設計非常適合搭配小巧的多肉植物組合盆栽。

用油漆塗裝圓板凳

平凡的圓凳只要一上色，就能瞬間變換氣氛。另外也可使用老舊家具等，試著搭配出豐富變化吧！

Technique 3

和雜貨搭配組合

多肉植物的特有質感和有趣模樣很受歡迎，
也愈來愈多人喜歡和雜貨搭配的樂趣。
搭配組合方式因人而異。
發揮創意和玩心，
享受各種組合樂趣吧！

水泥藝術品

庭院愛好家之間
默默成為一股風潮的水泥藝術品。
像這樣和迷你模型搭配的組合盆栽，
也是多肉植物的獨特之處。

老舊家具或是廢棄小物

復古風家具或是廢棄的老舊小物，非常適合搭配多肉植物。
裝飾時同時也考慮和盆器是否搭配。
試著打造出擁有自我風格的個性空間吧！

鐵籠

鐵籠是展示小盆栽或組合盆栽時的便利道具。
可以放置使用，或是掛在牆壁上。
生鏽也別有一番風味。

活用復古風的湯勺

將掛在圍籬上的湯勺用來種植組合盆栽。同時也充分運用窗戶防盜的藍色鐵架。可謂是少量土壤就能栽培的多肉植物樂趣所在。

Technique 4

藉由「吊掛技巧」打造出自我風格

為了有效活用小空間，
請絕對要試試看
牆面或圍籬的「吊掛技巧」。
藉由立體展示技巧，不僅能有效活用空間，
也能自然而然地提高視線高度，為空間帶來亮點。

當作玄關的特色

和復古風雜貨、盆栽掛架，以及和椅子的絕妙組合。牆面的顏色也能襯托厚重的金屬。盆栽掛架上栽種的是景天屬「微風天使」、「龍血景天」、「姬瓏月」等。

逐漸延伸的藝術品

景天屬「新玉綴」為了尋求光線而逐漸延伸枝條，自然呈現出如此曲線。充滿生命力的多肉植物樣貌，實為魅力之處。

Part 5

適合栽培於庭院的多肉植物

［圖鑑］

擬石蓮花屬

春秋型　景天科　細根型原產地：中美

有如玫瑰花的放射狀葉片為魅力之處。從直徑 3 cm的小型種到 40 cm的大型種都有，葉片顏色也有綠、紅、白、紫、青等，色系豐富。花和紅葉也十分美麗。

花麗

生長類型：春秋型
夏季留意點：需約 50% 的遮光
冬季留意點：避免栽培於 0℃以下
大小：小型
蓮座直徑約 8 ～ 10 cm
栽培容易度：☆☆☆

強健而且花粉較多，因此也是優良的交配親種。植株在較小型時，會長出群生子株。

養老（皮氏藍石蓮）

生長類型：春秋型
夏季留意點：需約 50% 的遮光
冬季留意點：避免栽培於 0℃以下
大小：小型
蓮座直徑約 10 cm以內
栽培容易度：☆☆☆

歷史較悠久的品種，青瓷白的葉色極富魅力。

林賽

生長類型：春秋型
夏季留意點：需約 50% 的遮光
冬季留意點：避免栽培於 0℃以下
大小：中型
蓮座直徑約 15 ～ 25 cm
栽培容易度：☆☆

由卡蘿拉的優良種選拔而來的品種，在擬石蓮花屬中也是擁有美麗紅色葉尖的人氣品種。

聖卡洛斯

生長類型：春秋型
夏季留意點：需約 50% 的遮光
冬季留意點：避免栽培於 0℃以下
大小：中～大型且扁平
寬幅約 15 cm～
栽培容易度：☆☆☆

由數種玉蝶交配而來的新品種。微微的波浪葉片非常美麗。

桃太郎

生長類型：春秋型
夏季留意點：需約 50% 的遮光
冬季留意點：避免栽培於 0℃以下
大小：小型
蓮座直徑約 10 cm
栽培容易度：☆☆

吉娃娃和林賽的交配種，紅色葉尖極為美麗的品種。肥厚的可愛葉片也很受歡迎。

粉紅莎薇娜

生長類型：春秋型
夏季留意點：需特別加強遮光，保持涼爽
冬季留意點：給予充足的直射陽光
大小：中型　直徑約 20 cm以內
栽培容易度：☆☆

擁有美麗小巧荷葉滾邊的莎薇娜。除了粉紅色之外，還有紫色或藍色等多彩品種。

墨西哥巨人

生長類型：春秋型
夏季留意點：需約 50% 的遮光
冬季留意點：避免栽培於 0℃以下
大小：大型
蓮座直徑約 30 cm
栽培容易度：☆☆

外側為淡粉紅色，中心呈現美麗的水藍色。原產地不明的珍貴品種。

凱特

生長類型：春秋型
夏季留意點：確實加強遮光並保持涼爽
冬季留意點：避免栽培於 0℃以下
大小：大型
蓮座直徑約 30 cm以內
栽培容易度：☆☆

有「擬石蓮花」女王之稱，在盛夏開花的優美原生種。（大多數的擬石蓮花屬都在春至初夏開花）

澄繪（澄江）

生長類型：春秋型
夏季留意點：需約 50% 的遮光
冬季留意點：避免栽培於 0℃以下
大小：小型
栽培容易度：☆☆

多花性且粉色的葉片相當受到歡迎，是日本栽培出的品種。到了春天會開出有如照片中的橘色花朵。

蔚藍

生長類型：春秋型
夏季留意點：需約 50% 的遮光
冬季留意點：避免栽培於 0℃以下
大小：小型
栽培容易度：☆☆☆

淡藍色系的葉片帶有白色粉末，葉尖的尖刺模樣也很美麗。會不斷長出子株，呈現出旺盛的群生狀態。

大雪蓮

生長類型：春秋型
夏季留意點：需約 50% 的遮光
冬季留意點：避免栽培於 0℃以下
大小：中型
蓮座直徑約 20 cm
栽培容易度：☆☆☆

葉片數量多，由雪蓮和林賽交配而成的知名品種，也是非常熱門的品種之一。

月影

生長類型：春秋型
夏季留意點：需約 50% 的遮光
冬季留意點：避免栽培於 0℃以下
大小：小型
蓮座直徑約 8 cm以內
栽培容易度：☆☆

照片中是擁有約十種種類的月影中，最具代表性的樣貌。半透明的葉緣極受歡迎。

紅緣東雲

生長類型：春秋型
夏季留意點：一整年都需要充足日照
冬季留意點：可於關東以西的室外過冬
大小：大型　直徑約 30 cm
栽培容易度：☆☆☆

耐嚴寒及酷暑，強健好栽種，適合栽植於庭院。

吉娃娃（娃蓮）

生長類型：春秋型
夏季留意點：需約 50% 的遮光
冬季留意點：避免栽培於 0℃以下
大小：小型
蓮座直徑約 7 cm以內
栽培容易度：☆☆☆

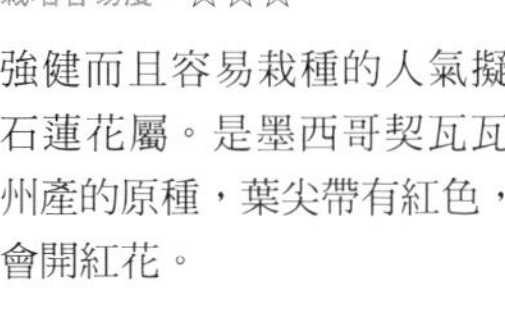

強健而且容易栽種的人氣擬石蓮花屬。是墨西哥契瓦瓦州產的原種，葉尖帶有紅色，會開紅花。

粉紅石蓮

生長類型：春秋型
夏季留意點：需約 50% 的遮光
冬季留意點：避免栽培於 0℃以下
大小：中型　蓮座直徑約 15～18 cm以內
栽培容易度：☆☆☆

強健而且好栽種的優良品種之一。是莎薇娜和凱特的交配種。葉緣的粉紅色非常美麗。

古紫

生長類型：春秋型
夏季留意點：需約 50% 的遮光
冬季留意點：避免栽培於 0℃以下
大小：小型　寬幅約 7 ㎝
栽培容易度：☆☆

深紫色的雅緻葉片充滿魅力。若給予充足日照，可增加葉色深度，不過要注意夏季炎熱。

姬蓮

生長類型：春秋型
夏季留意點：不耐熱，需保持涼爽
冬季留意點：避免栽培於 0℃以下
大小：超小型
蓮座直徑約 2 ～ 3 ㎝
栽培容易度：☆☆

染紅的葉緣和葉尖非常可愛。適合當作培育小品種的交配親本。經常會分株而呈現群生狀態。

青鎖龍屬

夏型、冬型、春秋型

景天科　細根型
原產地：非洲南部～東部

屬名 Crassula 帶有「厚的」之意。是一個型態豐富多樣的類群，其中也有外型奇妙的品種。冬型種較不耐夏季炎熱，放在半日陰處便能生長良好。

雪蓮

生長類型：春秋型
夏季留意點：需約 50% 的遮光
冬季留意點：避免栽培於 0℃以下
大小：中型
蓮座直徑約 15 ㎝
栽培容易度：☆☆

擬石蓮花屬中顏色最白的品種。美麗的蓮座狀和佈滿白粉質感的葉片，呈現出完美的平衡。

茜之塔

生長類型：春秋型
夏季留意點：需約 50% 的遮光
冬季留意點：避免栽培於 0℃以下
大小：小型
栽培容易度：☆☆

秋天會轉成粉紫色，並盛開許多白色小花。群生的樣子也極具魅力。葉子重疊生長，擁有彷彿是高塔般的外型。

特玉蓮（特葉玉蝶）

生長類型：春秋型
夏季留意點：需約 50% 的遮光
冬季留意點：避免栽培於 0℃以下
大小：中型
蓮座直徑約 15 ㎝
栽培容易度：☆☆☆

玉蓮中的突變品種，呈現反向的葉子獨具特色。屬於強健的品種。

火祭

生長類型：春秋型
夏季留意點：一整年都可給予充足日照
冬季留意點：可在 -3℃環境下過冬
大小：小型
栽培容易度：☆☆☆

圖中是夏天的樣子。屬於健壯的品種，若給予充足日照，葉片隨氣溫降低也會轉成美麗的紅色，葉尖就像火焰般。

靜月

生長類型：春秋型
夏季留意點：需約 50% 的遮光
冬季留意點：避免栽培於 0℃以下
大小：中型
蓮座直徑約 10 ㎝
栽培容易度：☆☆

冬季會紅葉，葉尖帶有紅色，葉片數量很多的群生類型。於日本栽培出的品種，在海外也受到相當歡迎。

栽培容易度參考：☆☆☆＝適合新手 ☆☆＝要稍微留意 ☆＝需要多留意管理

風車草屬

夏型、春秋型 | 景天科　細根型
原產地：墨西哥

小型種居多，也有許多人將此屬和擬石蓮花屬交配育種。風車草屬雜交屬可分為兩種，其一是和擬石蓮花屬的交配種 Graptoveria（風車草擬石蓮雜交屬），其二是和景天屬的交配種 Graptosedum（風車草景天雜交屬）。

數株星（烤肉串）

生長類型：春秋型
夏季留意點：需約 50% 的遮光
冬季留意點：避免栽培於 0℃以下
大小：小型　栽培容易度：☆☆

小巧的葉子不斷重疊延伸成繩子狀。適合當作組合盆栽的特色品種。

姬秋麗

生長類型：春秋型
夏季留意點：需約 50% 的遮光
冬季留意點：避免栽培於 0℃以下
大小：小型
直徑約 1 cm
栽培容易度：☆☆☆

肥厚渾圓的葉片密集生長，非常容易增殖。花為純白色。

赤鬼城

生長類型：春秋型
夏季留意點：需約 50% 的遮光
冬季留意點：0℃以上可在室外過冬
大小：小型
栽培容易度：☆☆☆

葉片會轉成火紅顏色的品種，可藉由扦插或葉插繁殖。強健且適合種植於庭院。白色小花帶有芳香。

菊日和

生長類型：春秋型
夏季留意點：不耐炎夏
冬季留意點：避免栽培於 0℃以下
大小：小型
直徑約 5 cm以內
栽培容易度：☆

從前就有的老品種，彷彿菊花模樣的葉片為其特徵。會長出子株群生。有如星星般的紅花也是魅力所在。

花月（玉樹）

生長類型：夏型
夏季留意點：一整年都可給予充足日照
冬季留意點：避免栽培於 0℃以下
大小：小～大型
甚至可生長至 1m 以上
栽培容易度：☆☆☆

自古以來就以別名「發財樹」為人所知的品種。強健而且非常容易栽種。

銀天女

生長類型：春秋型
夏季留意點：不耐炎夏
冬季留意點：避免栽培於 0℃以下
大小：小型
直徑約 4 cm
栽培容易度：☆☆

紫色的葉片極富魅力，一整年都可保持此顏色。經常長出子株，呈現出美麗的蓮座狀。是屬於珍貴的品種。

赤鬼城

生長類型：夏型
夏季留意點：一整年都可給予充足日照
冬季留意點：避免栽培於 0℃以下
大小：小型
栽培容易度：☆☆☆

特徵是細小的葉子以長繩狀伸展的獨特外型。春至夏季進行摘芯（頂芽），可促進長出側芽，保持美麗的外觀。

瓦松屬

夏型　景天科　細根型
原產地：日本、韓國、中國等

原產於東亞的多肉植物，有如蓮座般展開的可愛葉片為其魅力所在。冬天植株會將葉片合起越過寒冬，因此種植於地面也能生長良好。

美麗蓮（貝拉）

生長類型：春秋型
夏季留意點：較不耐熱，因此要多留意
冬季留意點：避免栽培於0℃以下
大小：小型
直徑約 4 cm
栽培容易度：☆☆

葉片呈現美麗蓮座狀的群生類型。1.5 cm的粉紅色星形花朵也很受歡迎。

子持蓮華錦

生長類型：夏型
夏季留意點：一整年都應栽培於直射陽光下
冬季留意點：可在 0℃的環境下過冬
大小：小型　直徑約 5 cm
栽培容易度：☆☆☆

擁有黃色覆輪（黃色葉緣）的美麗品種。到了春天葉片會展開，伸出許多長長的小側芽。

醉美人（桃之卵）

生長類型：春秋型
夏季留意點：需約 50% 的遮光
冬季留意點：避免栽培於 0℃以下
大小：莖立性　高度約 7 cm
栽培容易度：☆☆

莖部上方的肥厚圓葉以蓮座狀展開。葉片外型類似厚葉景天屬，而花朵則類似風車草景天雜交屬。

富士

生長類型：夏型
夏季留意點：不耐炎夏
冬季留意點：避免栽培於 0℃以下
大小：小型　直徑約 6 cm
栽培容易度：☆

日本原生代表品種「岩蓮華」的白覆輪（葉緣為白色）品種。開花後植株會枯萎，因此可用長出的側芽扦插繁殖。

風車草景天雜交屬・秋麗

生長類型：夏型
夏季留意點：一整年都應栽培於直射陽光下
冬季留意點：可在 -2～3℃的環境下過冬
大小：小～中型　高約 5～20 cm
栽培容易度：☆☆☆

強健而且繁殖力旺盛，特別適合栽種於庭院（種植於地面），用葉插就能輕鬆繁殖。是由日本改良出來的交配品種。

岩蓮華

生長類型：夏型
夏季留意點：一整年都應栽培於直射陽光下
冬季留意點：可於室外過冬
大小：小型
直徑約 5 cm，群生
栽培容易度：☆☆☆

葉色非常美麗的品種。會伸出匍匐莖，長出許多側芽。強健且適合栽植於庭院。

風車草景天雜交屬・光輪

生長類型：春秋型
夏季留意點：需約 50% 的遮光
冬季留意點：避免栽培於 0℃以下
大小：小型
直徑・高度約 5 cm
栽培容易度：☆☆

尖形葉片染成紅色，彷彿就像光輪般。是由風車草屬「銀天女」和景天屬「銘月」的交配種。

栽培容易度參考：☆☆☆＝適合新手　☆☆＝要稍微留意　☆＝需要多留意管理

乙女心

生長類型：春秋型
夏季留意點：秋天應給予充足日照
冬季留意點：避免栽培於0℃以下
大小：小型　直徑約7 cm
栽培容易度：☆☆☆

圓潤的葉子為其特徵。到了秋天葉子前端會呈現紅色。適合當作組合盆栽中的特色品種。

子持蓮華

生長類型：夏型
夏季留意點：一整年都應栽培於直射陽光下
冬季留意點：可於室外過冬
大小：小型　直徑約5 cm
栽培容易度：☆☆☆

原生於北海道等地區。從蓮座延伸出的匍匐莖前端附著子株，也會從蓮座中心開出白色的花。

姫星美人

生長類型：春秋型
夏季留意點：整年給予充足日照
冬季留意點：0℃以下也可過冬
大小：小型
栽培容易度：☆☆☆

深綠色的肥厚小巧葉片緊密生長。冬天會染成紫色，盛開白色的花。

昭和華（晚紅瓦松）

生長類型：夏型
夏季留意點：一整年都應栽培於直射陽光下
冬季留意點：可於室外過冬
大小：小型　直徑約5 cm
栽培容易度：☆☆☆

蓮座狀的葉片重疊，由中心延伸出白色的花。開花後的植株會枯萎，於根基部留下子株。

虹之玉

生長類型：春秋型
夏季留意點：整年給予充足日照
冬季留意點：避免栽培於0℃以下
大小：小型
栽培容易度：☆☆☆

圓球狀的葉尖在夏天呈現深綠色，到了晚秋至冬天則會轉成大紅色。用一片小葉子就能葉插繁殖。

景天屬

夏型、春秋型　景天科　細根型
原產地：世界各地

原生於世界各地，擁有極佳的耐寒性及耐暑性，是強健好栽培的類型。其中也有許多葉子較小，適合當作地被植物的品種。

粉雪

生長類型：整年
夏季留意點：整年給予充足日照
冬季留意點：0℃以下也可過冬
大小：小型
栽培容易度：☆☆☆

天氣變冷後，會漸漸覆上一層白粉。枝條伸長後可進行修剪，便能恢復成茂盛的圓球外型。

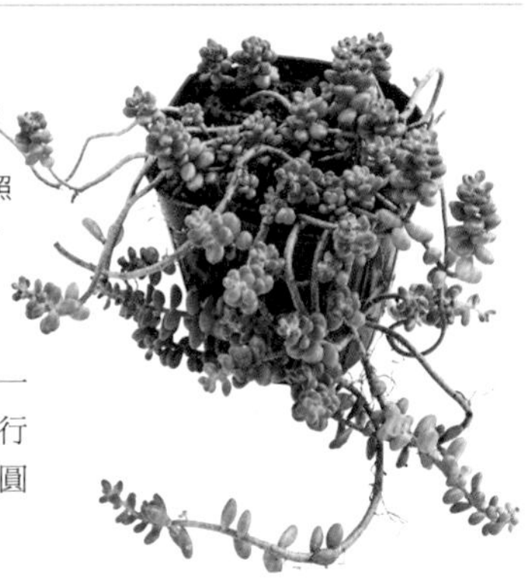

銘月

生長類型：夏型
夏季留意點：秋天應給予充足日照
冬季留意點：可於室外過冬
大小：小型　直徑約7 cm
　　高度約20 cm
栽培容易度：☆☆☆

肥厚的黃綠色葉片為其特徵。莖部會不斷伸長並長出分枝。到了秋天葉緣會染成深橘色。

新玉綴

生長類型：春秋型
夏季留意點：需約 50% 的遮光
冬季留意點：避免栽培於 0℃以下
大小：小型
一串直徑約 3 ㎝
栽培容易度：☆☆

垂吊形生長，適合種植於吊盆中。有極小的品種和較大的品種「大玉綴」等。

龍血景天（小球玫瑰）

生長類型：春秋型
夏季留意點：整年給予充足日照
冬季留意點：可在 0℃以下的環境過冬
大小：小型
栽培容易度：☆☆☆

非常建議當成地被植物的品種。氣溫下降時，會轉成鮮豔的紫紅色。也可藉由扦插簡單繁殖。

圓葉覆輪萬年草

生長類型：整年
夏季留意點：一整年皆可栽培於直射陽光下
冬季留意點：0℃以下也可過冬
大小：超小型　群生
栽培容易度：☆☆☆

小巧的圓葉帶有白覆輪（白色葉緣）的類型。放入組合盆栽中可增添輕盈感。

黃金萬年草

生長類型：整年
夏季留意點：較不耐夏天，應給予半日照環境
冬季留意點：0℃以下也可過冬
大小：超小型　群生
栽培容易度：☆☆☆

細長型的亮黃綠色葉片，適合當作茂密的地被植物，在大型植物的遮蔭下可生長良好。

大唐米

生長類型：整年
夏季留意點：一整年皆可栽培於直射陽光下
冬季留意點：-5℃以下也可過冬
大小：超小型　群生
栽培容易度：☆☆☆

日本原產的品種，群生於海岸的岩石上。有如米粒般的葉片密集生長。強健而且適合種植於庭院中。

松葉佛甲草（松葉景天）

生長類型：整年
夏季留意點：整年給予充足日照
冬季留意點：避免栽培於0℃以下
大小：小型
栽培容易度：☆☆☆

擁有針狀葉片的萬年草。健壯而且容易增生。若環境悶熱會使下緣呈現茶褐色並枯萎，因此在夏季應進行適度修剪。

逆弁慶草

生長類型：整年
夏季留意點：一整年皆可栽培於直射陽光下
冬季留意點：0℃以下也可過冬
大小：小型　群生
栽培容易度：☆☆☆

銀葉非常美麗，也最適合當作庭院的地被植物。強健而且增生容易。

Laconicum

生長類型：春秋型
夏季留意點：整年給予充足日照
冬季留意點：避免栽培於 0℃以下
大小：小型
高度約 3～5 ㎝
栽培容易度：☆☆☆

亮藍色的小葉片一整年中幾乎不太延伸，擁有清爽感。會開白色的花。

卷絹

生長類型：春秋型
夏季留意點：具有極佳的耐暑性
冬季留意點：可於 -5℃以上過冬
大小：小型
　　蓮座約 5 ㎝
栽培容易度：☆☆☆

具有代表性的品種，隨著植株生長，葉尖會長出白絲並覆蓋整體。強健且適合種植於庭院。

生長草屬

冬型、春秋型　景天科　細根型
原產地：歐洲中南部的山地

小型的蓮座類型，葉片包覆起來的樣子非常美麗而受歡迎。極為耐寒，也適合種植於地面。夏季應保持半日陰和通風良好。匍匐莖會延伸並長出子株，因此非常容易繁殖。

十二卷屬（軟葉系）

冬型、春秋型　百合科（阿福花亞科）　粗根型
原產地：南非

為了吸收光線而擁有透明窗葉的軟葉系鷹爪草（寶草），因為奇妙的外型而擁有高人氣。應於夏季進行遮光並保持通風，冬季則建議移動到室內栽培。

百惠

生長類型：春秋型
夏季留意點：對於夏季炎熱較敏感
冬季留意點：0℃以下也可過冬
大小：小型
　　直徑約 6～7 ㎝
栽培容易度：☆☆

以圓筒狀的細長形葉片為特徵。葉尖帶有微微的顏色，植株基部附近則會長出子株。

姬玉露

生長類型：春秋型
夏季留意點：於半日陰下栽培
冬季留意點：避免栽培於 3℃以下
大小：小型
　　直徑約 6 ㎝群生
栽培容易度：☆☆

擁有透明葉窗的短肥葉片緊密相鄰，是非常受歡迎的品種。生長期間只要給予數小時的日照，就能避免徒長。

Gay Jester

生長類型：春秋型
夏季留意點：一整年皆可栽培於直射陽光下
冬季留意點：避免栽培於 0℃以下
大小：小型
　　直徑約 5 ㎝
栽培容易度：☆☆

葉緣帶有細小的鋸齒狀，纖細的模樣極受歡迎，葉尖帶有一點紅色。

冰砂糖

生長類型：春秋型
夏季留意點：於半日陰下栽培
冬季留意點：避免栽培於 3℃以下
大小：小型
　　直徑約 4 ㎝
栽培容易度：☆☆

帶有斑葉的品種。具有透明感的葉尖充滿魅力。雖然生長較慢，不過也容易群生。

咖啡

生長類型：春秋型
夏季留意點：一整年皆可栽培於直射陽光下
冬季留意點：避免栽培於 0℃以下
大小：小型
　　直徑約 6 ㎝
栽培容易度：☆☆

在春季生長期間，葉尖會呈現出深咖啡色。是能夠營造出雅致氛圍的人氣品種。

仙童唱

生長類型：冬型
夏季留意點：夏季為休眠期，應栽培於日陰下
冬季留意點：避免栽培於 3℃以下
大小：小型直立性
高度約 50 ㎝
栽培容易度：☆☆☆

蓮花掌屬中的小型品種。圓形葉片為其特徵。冬季應給予充足水分和日光。

玉露

生長類型：春秋型
夏季留意點：避免直射陽光，於半日陰下栽培
冬季留意點：避免栽培於 3℃以下
大小：小型
直徑約 7 ㎝
栽培容易度：☆☆

和姬玉露相較之下葉片較尖細。生長速度快，容易群生。

黑法師

生長類型：冬型
夏季留意點：夏季為休眠期，應栽培於日陰下
冬季留意點：避免栽培於 0℃以下
大小：直立性　甚至可生長至高約 1.5m 左右
栽培容易度：☆☆☆

帶有光澤的黑紫色葉片極受歡迎。應栽培於通風良好的場所。將頂部修剪切除後，就能促進生長更多葉片。

玉扇

生長類型：春秋型
夏季留意點：於半日陰下栽培
冬季留意點：避免栽培於 3℃以下
大小：小型
寬幅約 10 ㎝群生
栽培容易度：☆☆

上方宛如被切開的外型令人印象深刻，肥厚的葉片也很美麗。粗根會往下延伸，因此建議用較深的盆器栽培。

紫羊絨

生長類型：冬型
夏季留意點：耐暑性極佳
冬季留意點：避免栽培於 3℃以下
大小：直徑約 20 ㎝以上
高度約 1m
栽培容易度：☆☆☆

葉片為紫色，中心則是呈現綠色的美麗漸層。要注意若放置於日陰處，葉片會轉為綠色。

蓮花掌屬（銀麟草屬）

冬型　景天科　細根型
原產地：加那利群島、北非等

緊密重疊蓮座狀葉片為其特徵。也有許多莖部伸長呈現直立木質狀的品種。冬季日照不足容易徒長。可將徒長的植株剪下扦插，更新植株。

山地玫瑰

生長類型：冬型
夏季留意點：放置於涼爽處並斷水
冬季留意點：冬季為生長期，應確實澆水避免乾燥
大小：直徑約 10 ㎝
栽培容易度：☆☆

生長期呈現出如照片中的美麗葉片，到了休眠期葉片會包覆起來，彷彿玫瑰花苞般。

旭日綴化

生長類型：冬型
夏季留意點：避免直射陽光，保持涼爽
冬季留意點：可於 3℃以上過冬
大小：直立性
可成長至 1m 左右
栽培容易度：☆☆☆

黃色覆輪和紅色葉緣非常美麗。將原種部分切除後，便能使植株繼續長大。

伽藍菜屬

夏型 景天科　粗根型和細根型
原產地：馬達加斯加、南非

葉片的形狀和顏色都獨具個性，種類豐富。強健容易栽種，有許多適合種植於地面的品種，不過其中也有不耐寒的品種，栽培於寒冷地區時應移動至室內栽培。

厚葉景天屬

夏型、春秋型 景天科　細根型
原產地：墨西哥

淡薄色系和肥厚葉片極受歡迎。雖然是夏型種，不過在炎夏生長稍微緩慢。根系生長旺盛，因此建議每1～2年換土一次。

野兔耳

生長類型：夏型
夏季留意點：炎夏應進行50%遮光
冬季留意點：避免栽培於5℃以下
大小：小型　直立性
栽培容易度：☆☆☆

葉尖為茶褐色，整體覆蓋著一層毛絨絨的細毛。是「月兔耳」的一種，容易長出分枝群生。

紫美人

生長類型：春秋型
夏季留意點：炎夏需進行50%遮光
冬季留意點：避免栽培於3℃以下
大小：小型
葉片長度約10㎝
栽培容易度：☆☆

短莖連接著有如棒狀的獨特外型葉片，會開厚葉景天屬的特有美麗花朵。

月兔耳

生長類型：夏型
夏季留意點：整年都應予充足日照
冬季留意點：避免栽培於5℃以下
大小：直立性
高度可達約50㎝
栽培容易度：☆☆☆

細長型的葉片覆蓋著一層有如天鵝絨狀的細毛。原生於馬達加斯加島，因此較不耐嚴寒。

沃得曼尼

生長類型：春秋型
夏季留意點：需進行50%的遮光
冬季留意點：避免栽培於3℃以下
大小：葉片長度約4㎝
栽培容易度：☆☆

肥厚且覆蓋一層白粉的灰色葉片，附著在短小的莖部上，神秘的模樣極受歡迎。

紫式部

生長類型：夏型
夏季留意點：整年都應予充足日照
冬季留意點：避免栽培於5℃以下
大小：小型　匍匐性
栽培容易度：☆☆

擁有胭脂色美麗斑紋的人氣品種。莖部較短，往橫向延伸群生。會開非常小的花。

星美人

生長類型：夏型
夏季留意點：一整年都應栽培於直射陽光下
冬季留意點：避免栽培於3℃以下
大小：直徑約7㎝
高度約20㎝
栽培容易度：☆☆☆

有如雞蛋的淡粉紅色圓潤葉片為其特徵。是厚葉景天屬中最受歡迎的品種。

笹之雪

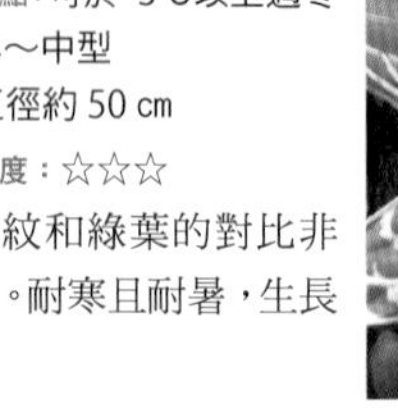

生長類型：夏型
夏季留意點：一整年都應栽培於直射陽光下
冬季留意點：可於-3℃以上過冬
大小：小～中型 直徑約 50 cm
栽培容易度：☆☆☆

白色細紋和綠葉的對比非常美麗。耐寒且耐暑，生長緩慢。

福克斯

生長類型：夏型
夏季留意點：一整年都應栽培於直射陽光下
冬季留意點：可於室外過冬
大小：大型 直徑約 80 ～ 90 cm
栽培容易度：☆☆☆

尖刺捲曲狀的「吉祥天」之變種。強健且適合栽種於庭院。

雷神

生長類型：夏型
夏季留意點：一整年都應栽培於直射陽光下
冬季留意點：可於 3℃以上過冬
大小：中型 直徑約 30 cm
栽培容易度：☆☆☆

葉色偏白且存在感強烈的葉片，以及形狀美麗的紅色尖刺為其特徵。可種植於盆缽中，為庭院增添特色。

初綠（翠綠龍舌蘭）

生長類型：夏型
夏季留意點：一整年都應栽培於直射陽光下
冬季留意點：可於 3℃以上過冬
大小：大型 直徑約 50 cm 高度可達 2m
栽培容易度：☆☆☆

萊姆綠的葉片上帶有美麗覆輪和細紋。沒有尖刺，方便管理。

福兔耳（白雪姬）

生長類型：夏型
夏季留意點：炎夏應進行少許遮光
冬季留意點：避免栽培於 5℃以下
大小：小型
栽培容易度：☆☆

葉片和莖部有如白兔般覆蓋了一層白毛。初夏會開粉紅色的花。植株屬於群生類型。

黃金月兔耳（巧克力士兵）

生長類型：夏型
夏季留意點：炎夏應進行少許遮光
冬季留意點：避免栽培於 5℃以下
大小：小型
栽培容易度：☆☆

整體覆蓋著一層短毛，金色的耳形葉片和巧克力色的葉緣極受歡迎。會長出許多分枝群生。

龍舌蘭屬

夏型

龍舌蘭科 粗根型
原產地：美洲南部、中美

大多數原生於墨西哥等美洲南部的類型，葉尖具有刺棘。龍舌蘭酒的原料也是龍舌蘭屬植物。其中還有非常巨大的品種。

大龍舌蘭

生長類型：夏型
夏季留意點：一整年都應栽培於直射陽光下
冬季留意點：可於-5℃以上過冬
大小：大型
栽培容易度：☆☆☆

強健而且能簡單種植於庭院，適合當作庭園中具有象徵性的特色植物。要注意葉尖的刺棘。

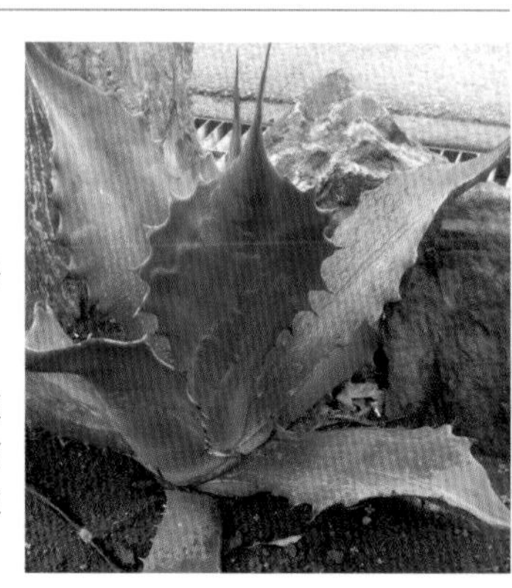

不夜城錦

生長類型：夏型
夏季留意點：一整年都應栽培於直射陽光下
冬季留意點：可於 0℃以上過冬
大小：直立性　蓮座直徑約 20 cm　高度可達約 80 cm
栽培容易度：☆☆☆

深綠色的葉片帶不規則的黃綠色斑紋。雖然健壯易栽培，不過冬天應放入室內管理。

姬吹上

生長類型：夏型
夏季留意點：一整年都應栽培於直射陽光下
冬季留意點：可於 3℃以上過冬
大小：小型　蓮座直徑約 30～40 cm
栽培容易度：☆☆☆

細長的葉片呈現放射狀生長。可當作庭院的亮點。

椰子蘆薈

生長類型：整年
夏季留意點：一整年都應栽培於直射陽光下
冬季留意點：可於 0℃以上過冬
大小：中型　高度可達約 50 cm
栽培容易度：☆☆☆

植株大型並且非常茂盛。在蘆薈屬中算是少數可耐霜害的強健品種，適合種植於庭院。

普米拉

生長類型：夏型
夏季留意點：一整年都應栽培於直射陽光下
冬季留意點：可於 -3℃以上過冬
大小：小型　直徑約 20 cm
栽培容易度：☆☆☆

照片中苗株的縱向條紋非常美麗。小苗株的葉子會呈現可愛的三角形。

百鬼夜光

生長類型：春秋型
夏季留意點：一整年都應栽培於直射陽光下
冬季留意點：可於 0℃以上過冬
大小：小型
栽培容易度：☆☆☆

葉片上佈滿白色刺棘的勇壯模樣為其特徵。會開出蘆薈屬中最大的花（直徑約 10 cm），是存在感強烈的品種。

蘆薈屬

夏型、春秋型

阿福花亞科（百合科）　粗根型
原產地：南非、馬達加斯加島

含有豐富水分的肥厚葉片，以放射狀延展。有許多強健而且能在室外過冬的品種，栽種容易。

Aloe Karasmontana

生長類型：夏型
夏季留意點：一整年都應栽培於直射陽光下
冬季留意點：可於 0℃以上過冬
大小：中型
栽培容易度：☆☆☆

近白色的綠色葉片，帶淡黃綠色的美麗細紋。雖稍具高度，不過葉片互相重疊延展，因此呈現出極佳的平衡。

俏蘆薈

生長類型：夏型
夏季留意點：一整年都應栽培於直射陽光下
冬季留意點：可於 3℃以上過冬
大小：中型　蓮座直徑約 8 cm　高度可達約 50 cm
栽培容易度：☆☆☆

擁有光澤的葉片帶有黃綠色的斑點。會開淡玫瑰粉色的花。

晃玉（布紋球）

生長類型：春秋型
夏季留意點：給予充足日照
冬季留意點：可於3℃以上過冬，冬季應於室內栽培
大小：小型　直徑約10 cm以內
栽培容易度：☆☆

球型且外型類似仙人掌的兜，不過沒有刺座。受傷時會分泌白色有毒液體，要特別注意。

大戟屬

夏型、春秋型

大戟科　細根型
原產地：非洲、馬達加斯加島

雖然從全世界熱帶至溫帶擁有豐富的品種，不過當作多肉植物玩賞的品種主要原產於非洲。富有個性的型態充滿魅力，但是耐寒性較弱。

白樺麒麟

生長類型：春秋型
夏季留意點：給予充足日照
冬季留意點：可於3℃以上過冬，冬季應於室內栽培
大小：長出枝條呈現樹形　高度約20 cm
栽培容易度：☆☆

是大戟屬「玉麟鳳」的白色變種。前端的粉色和底色都非常美麗。也可進行修剪。

瑠璃晃

生長類型：夏型
夏季留意點：給予充足日照
冬季留意點：可於3℃以上過冬，冬季應於室內栽培
大小：小型　直徑5 cm群生
栽培容易度：☆☆

有如仙人掌般突起的有趣球形大戟類。不耐強光，炎夏應進行50%的遮光。

銅綠麒麟

生長類型：春秋型
夏季留意點：給予充足日照
冬季留意點：可於3℃以上過冬，冬季應於室內栽培
大小：中型　高度約50～60 cm
栽培容易度：☆☆

青瓷色的枝幹輝映著紅色的刺棘，伸出小枝條呈現出美麗的樹形。春天會開黃色的小花。

紅彩閣

生長類型：夏型
夏季留意點：給予充足日照
冬季留意點：可於3℃以上過冬，冬季應於室內栽培
大小：小型
栽培容易度：☆☆☆

有彷彿柱形仙人掌的外型，紅色且銳利的刺棘為其特徵。受傷時會分泌白色有毒液體，要特別注意。

白化帝錦

生長類型：春秋型
夏季留意點：給予充足日照
冬季留意點：可於3℃以上過冬，冬季應於室內栽培
大小：大型　高度可達約2m
栽培容易度：☆☆

特徵是獨特的乳白色和長出枝條的奇妙樹形。（照片後方的植物為仙人掌）

魁偉玉

生長類型：夏型
夏季留意點：給予充足日照
冬季留意點：可於3℃以上過冬，冬季應於室內栽培
大小：小型
栽培容易度：☆☆

原生於南非的乾燥岩石地區。存在感強烈的外型有如仙人掌般，夏天會開紫色小花。

栽培容易度參考：☆☆☆＝適合新手 ☆☆＝要稍微留意 ☆＝需要多留意管理

大張旗鼓

景天科・景天擬石蓮雜交屬
細根型

生長類型：夏型
夏季留意點：較不耐夏季炎熱
冬季留意點：避免栽培於 3℃以下
大小：直徑約 7 ㎝
栽培容易度：☆☆

青瓷色的細緻葉片呈現放射狀，外型精緻。會長出群生植株。

碧魚蓮

番杏科・碧魚蓮屬
細根型

生長類型：春秋型
夏季留意點：避免夏季直射陽光
冬季留意點：避免栽培於 0℃以下
大小：枝條會往下垂吊 10 ㎝以上
栽培容易度：☆☆

特徵為小巧的葉片和在春天開的粉紅色花。喜愛水分，因此要避免乾燥。

吹雪之松錦

馬齒莧科・回歡草屬
細根型

生長類型：春秋型
夏季留意點：避免夏季直射陽光
冬季留意點：避免栽培於 0℃以下
大小：直徑約 4 ㎝
栽培容易度：☆☆

葉片相鄰之處帶有細毛。粉紅和黃色混合的漸層非常美麗。

林伯群蠶

馬齒莧科・回歡草屬
細根型

生長類型：春秋型
夏季留意點：避免夏季直射陽光
冬季留意點：避免栽培於 0℃以下
大小：小型
每片葉子直徑約 5 ㎜
栽培容易度：☆☆

球形的小巧葉片茂密生長，一整年都呈現紅色。

其他

翡翠珠簾

菊科・黃菀屬
細根型

生長類型：春秋型
夏季留意點：避免夏季直射陽光
冬季留意點：避免栽培於 3℃以下
大小：垂吊長度將近 1m
栽培容易度：☆☆☆

球狀的葉子往下垂吊生長。是吊盆栽培的人氣品種。

玉雪（Yellow Humbert）

景天科・景天擬石蓮雜交屬
細根型

生長類型：春秋型
夏季留意點：避免夏季直射陽光
冬季留意點：避免栽培於 0℃以下
大小：小型　長度 1～2 ㎝
栽培容易度：☆☆☆

景天屬和擬石蓮花屬的交配種。具紡錘形的肥厚葉片。

銀月

菊科・黃菀屬／細根型

生長類型：春秋型
夏季留意點：避免夏季直射陽光
冬季留意點：避免栽培於 0℃以下
大小：直徑約 7 ㎝
栽培容易度：☆☆

覆蓋白色絨毛的紡錘形葉片為其特徵。春天會開黃色的花。

折鶴

景天科・絨葉景天屬
細根型

生長類型：春秋型
夏季留意點：避免夏季直射陽光
冬季留意點：避免栽培於 0℃以下
大小：葉片長約 10 ㎝　高度約 20 ㎝
栽培容易度：☆☆☆

肥厚的棒狀葉片往斜上方生長，外型有如紙鶴般。

販售精選的仙人掌和多肉植物。除了塑膠盆苗之外，也展售了原創或精選的風格盆缽，可當作盆缽搭配的參考。

從打造庭院到室內設計
提供綠意生活的創意提案

TRANSHIP

TRANSHIP是一個集結了庭院規劃、空間設計、室內設計、家具製作等各種有關創造理想生活的藝術家集團。最近也開始積極推薦在庭院內種植多肉植物。同時也有經營店面，展售各種多肉植物和觀葉植物等，栽種簡單又具有個性的植物，因此而受到植物愛好者的歡迎。店內擺設了許多適合擺飾於家中的盆缽及原創家具等，值得作為展現植物魅力的參考。

店內放置了種植於時尚盆器中的室內植物及小物等。內側還有諮詢庭院規劃的空間。

[地址] 東京都品川区小山3-11-2-1F
[Tel]03-6421-6055
http://www.tranship.jp/

於東京郊外的咖啡店2樓
設有組合盆栽教室

Garden & Crafts

咖啡廳店內各處巧妙地擺設了值得參考的組合盆栽和吊盆。在2樓開設的組合盆栽教室，其講師是在本書中講解花圈和吊盆的若松則子老師。咖啡店的櫃檯接受組合盆栽教室課程的預約。

[地址] 東京都立川市錦町6-23-18
[Tel]042-548-5233
http://www.gardenandcrafts.com/

透過多肉植物等花草綠意
告訴大家全新的玩賞方法

Lotus Garden

以山形縣為據點，為日本及海外的花卉和植物，以及周圍的生活方式帶來各種提案的花店。同時也以「日本時尚風格」的概念，於東京等各地舉行展示活動等，富有個性的活動方式受到各界矚目。店內也販售各種多肉植物，還可以在網路上訂購。

[地址] 山形県酒田市日の出町2丁目11-5　[Tel]0234-24-0878
http://www.lotusgarden.jp/

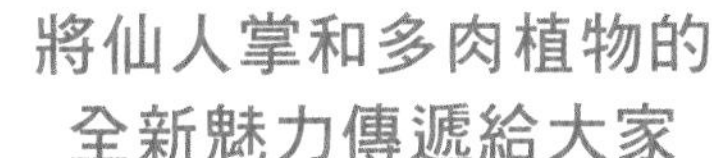

仙人掌諮詢室

來自於日本各地的多肉植物愛好者造訪的仙人掌諮詢室。也許店狗「仙人醬」會來迎接你喔。

在寬敞的園區內並列了好幾個溫室。溫室內種植的全都是多肉植物。同時也以CM總監身份活躍的羽兼直行，在1995年創立仙人掌諮詢室。為了將仙人掌和多肉植物提升至藝術領域，因此而開設了這個仙人掌諮詢室。從生產、販售，到使用多肉植物打造空間等，持續透過全新的感性，將仙人掌和多肉植物的魅力傳遞給大家。有許多人遠道而來，而店員也會仔細說明品種挑選或栽培方法。

溫室內放有滿滿的多肉植物苗株和組合盆栽。其中也有珍稀品種，種類豐富令人流連忘返。

［地址］群馬県館林市千代田町 4-23　[Tel]0276-75-1120　http://www.sabotensoudan.jp/

紅字＝屬名

十五劃

十六劃

十七劃

十九劃

二十劃

二十四劃

有關多肉植物的購買

多肉植物可在全國的園藝店（花店）、大型園藝中心、仙人掌・多肉植物專門店等購買。此外，網路商店等販售通路也逐漸增加。

十三劃

十四劃

十一劃

十二劃

PROFILE

羽兼直行

多肉植物及仙人掌專門店「仙人掌諮詢室」店主。園地內擁有4座大小不同的溫室，在郊外的農場也栽種了大型仙人掌。在CM總監時代，於海外感受到仙人掌和多肉植物的魅力，因此透過獨自學習研究栽培方法。藉由長年的經驗和全新的感性，持續為仙人掌及多肉植物的栽培法和賞玩方法帶來豐富提案。著有『サボテンスタイル』（雙葉社）（中文版：仙人掌的自由時光：手作的創意幸福生活）、『多肉植物ハンディ図鑑』（主婦の友社）等書籍。同時也擔任台灣「仙人掌公園」的藝術總監等，活躍於國際。

TITLE

新手的多肉植物庭園造景

STAFF

出版　瑞昇文化事業股份有限公司
監修　羽兼直行
譯者　元子怡

總編輯　郭湘齡
責任編輯　黃美玉
文字編輯　蔣詩綺　徐承義
美術編輯　孫慧琪
排版　曾兆珩
製版　印研科技有限公司
印刷　桂林彩色印刷股份有限公司

法律顧問　立勤國際法律事務所　黃沛聲律師

戶名　瑞昇文化事業股份有限公司
劃撥帳號　19598343
地址　新北市中和區景平路464巷2弄1-4號
電話　(02)2945-3191
傳真　(02)2945-3190
網址　www.rising-books.com.tw
Mail　deepblue@rising-books.com.tw

本版日期　2020年5月
定價　350元

國家圖書館出版品預行編目資料

新手的多肉植物庭園造景：小空間也能有大發揮！/ 羽兼直行監修；元子怡譯. -- 初版. -- 新北市：瑞昇文化, 2018.05
128面；21 X 25.7公分
ISBN 978-986-401-235-0(平裝)

1.仙人掌目 2.栽培

435.48　107004828